全球环境基金 / 联合国开发计划署 / 东亚海环境管理合作伙伴组织
（GEF/ UNDP/ PEMSEA）在中国实施《东亚海可持续发展战略》项目

山东省东营市海岸带状况报告
2010

刘 沛 张朝晖 王 晶 编著

海洋出版社

2013年·北京

图书在版编目（CIP）数据

山东省东营市海岸带状况报告 . 2010 / 刘沛，张朝晖，王 晶编著 . —北京：海洋出版社，2013.7

ISBN 978-7-5027-8604-5

Ⅰ . ①山… Ⅱ . ①刘… ②张… ③王… Ⅲ . ①海岸带－综合管理－研究报告－东营市－ 2010 Ⅳ . ① P748

中国版本图书馆 CIP 数据核字 (2013) 第 142380 号

责任编辑：王 溪
责任印制：赵麟苏

海洋出版社 出版发行

http://www.oceanpress.com.cn

北京市海淀区大慧寺路 8 号　邮编：100081

北京旺都印务有限公司印刷　新华书店发行北京所经销

2013 年 7 月第 1 版　2013 年 7 月北京第 1 次印刷

开本：787mm×1092mm　1/16　印张：6.75

字数：90 千字　定价：39.00 元

发行部：62132549　邮购部：68038093　总编室：62114335

海洋版图书印、装错误可随时退换

全球环境基金 / 联合国开发计划署 / 东亚海环境管理合作伙伴组织（GEF/ UNDP/ PEMSEA）在中国实施《东亚海可持续发展战略》—东营海岸带综合管理项目（2009—2012）领导小组

组　长：东营市人民政府 副市长

副组长：东营市人民政府 副秘书长

　　　　杨同更　东营市海洋与渔业局局长

成　员：郭东升　东营市海洋与渔业局副局长

　　　　王进河　东营市海洋与渔业局副局长

东营市海岸带状况报告编制工作组

组　长：杨同更　东营市海洋与渔业局局长

副组长：郭东升　东营市海洋与渔业局副局长

　　　　王进河　东营市海洋与渔业局副局长

　　　　王宗灵　国家海洋局第一海洋研究所研究员

成　员：李维祥　东营市海洋与渔业局海域科科长

　　　　高爱欣　东营市海洋与渔业局海域科副科长

　　　　潘广道　东营市海洋与渔业局海域科科员

　　　　刘艳芬　东营市海洋与渔业局海域科科员

　　　　毕玉印　东营市海洋与渔业局海域科科员

序

实施海岸带综合管理，就是要以海陆统筹的理念和方式，多学科、多层面、多角度地研究和解决在海岸带开发利用过程中出现的各种问题。通过提高沿海地方政府的统筹协调能力，解决各种冲突，平衡各方利益，以实现区域经济社会、海岸带环境、各类资源和生态系统服务之间的平衡和协同，从而提高整个区域的可持续发展能力。

如何评价实施海岸带综合管理的效果呢？

编制海岸带状况报告是掌握和了解海岸带综合管理实施效果的重要手段。目前，世界上已有多个国家和地区利用海岸带状况报告来分析和评估海岸带综合管理的成效，如美国国家大气海洋局（NOAA）、美国北卡州、欧洲环境委员会（SOC-EU）、菲律宾 Batangas 省等。实践证明，通过设计科学合理的评估指标体系，可以对沿海地方政府的管控能力和区域可持续发展能力这两个实施海岸带综合管理的重要方面进行分析和判断，从而了解现状，掌握不足，并有针对性地改进和调整，提高管理的科学性和适应性。

本书是全球环境基金 / 联合国开发计划署 / 东亚海环境管理合作伙伴组织（GEF/ UNDP/ PEMSEA）在中国实施《东亚海可持续发展战略》的项目成果之一，也是出版的第一个海岸带状况报告。本书的出版，为东营市的海岸带综合管理提供了形象具体的评估，可成为当地政府掌握进展、了解问题、调整改进的重要工具。希望本书的出版，可以进一步丰富海岸带综合管理理论体系，推动我国的海岸带综合管理实践，对其他地区开展海岸带综合管理产生良好的借鉴和指导作用。

国家海洋局国际合作司司长

2012 年 9 月 于北京

致 谢

本书得以出版，得益于国家海洋局国际合作司、东亚海环境管理伙伴关系计划（PEMSEA）秘书处、国家海洋局第一海洋研究所、中国海洋报社和海洋出版社的大力支持，得益于东营市海洋与渔业局提供了经费资助。

本书作为东亚海环境管理伙伴关系计划第三期项目的成果，是我国第一本较为系统阐述沿海地区海岸带状况的评估报告。书稿历时三年，经反复论证、修改、补充和完善，衷心感谢在此过程中提供大量帮助和建议的各位领导和专家。特别感谢为本书提供逻辑框架建议的国家海洋局国际合作司梁凤奎副巡视员、毛彬主任和卢兴旺先生；为本书的指标体系提供建设性意见的国家海洋环境监测中心温泉研究员、国家海洋信息中心李文海研究员和厦门大学环境生态学院薛雄志教授；为本书的评估指标提供多次建议的东亚海环伙伴关系理事会主席Chua Thia-Eng先生和东亚海环境管理伙伴关系计划办公室首席技术官Stephen Adrian Ross先生；为本书提供英文校对和修改的东亚海环境管理伙伴关系计划秘书处郭寅峰先生；为本书提供诸多建议，并提供全文校对和修改的国家海洋局第一海洋研究所王守强博士、傅明珠博士、徐宗军博士、宋洪军博士、刘璐博士、赵林林博士、王炜博士和臧惠迪硕士。

本书的完成和出版也得益于东亚海伙伴关系计划地方政府网络（PNLG）成员间的经验交流和知识分享，让我们了解到了其他沿海地区实施海岸带综合管理的经验。我们无法一一列出所有的贡献者，谨向他们再次致以衷心的感谢。

作 者

2012 年 9 月 于东营

目　录

中文摘要

自 2005 年被列为中国首批海岸带综合管理平行示范城市之一，东营市的海岸带综合管理取得了长足的发展与显著的成效。为了进一步明确海岸带综合管理中的新问题，掌握新趋势，了解实施海岸带综合管理的效果，同时为了促进适应性管理能力的提高等，特编制本报告。

本报告针对东营市海岸带综合管治与海岸带可持续发展等 2 个方面，共选取了 32 个评价指标，识别和判断从 2005 年到 2010 年的变化趋势。

在海岸带管治方面，共 12 个指标分别用以评价东营市海岸带综合管理的政策与法规、战略与规划、机构与体制、财政保障、管理能力建设和公众参与程度等 6 个方面。结果表明，除协调体制的建设无法判断外，其余指标均说明东营市近年来在海岸带综合管理方面取得了明显的成效。

海岸带管治指标			
政策与法规	指标 1	地方性政策法规	
	指标 2	执法能力	
战略与规划	指标 3	区域发展战略与规划	
	指标 4	地方政府的管理规划	
机构与体制	指标 5	海岸带综合管理机构	
	指标 6	协调体制的建设	
财政保障	指标 7	管理经费	
	指标 8	可持续财政来源	
管理能力建设	指标 9	硬件建设	
	指标 10	软件建设	
公众参与	指标 11	公众意识	
	指标 12	利益相关者的参与	

在海岸带可持续发展能力方面，共 20 个指标分别从社会经济可持续能力、环境保障能力、资源可持续利用能力和防灾减灾等 4 个方面进行了评价。结果显示，近年来东营市海岸带社会经济

可持续发展能力明显增强；环境保障能力无显著改善；资源可持续利用能力有一定的提升；防灾与减灾能力有所加强。

本报告是首次针对东营市海岸带状况进行评价，其结果尚有不确定性。部分指标的历史资料无法获取，因此无法判断其变化趋势。如指标30（海岸带风险管理意识），从工作经验上可知近年来对于各类风险的管理与防范意识都有很大的提高，但由于缺乏历史比对数据，因而给出了无法识别的结果。

从总体评价结果上看，建议东营市未来的海岸带综合管理工作进一步关注近岸水质、企业环保投入和天然湿地修复等3个方面，以进一步提升东营市海岸带的可持续发展能力，进一步巩固东营市在黄河三角洲的引领力和核心地位。

海岸带可持续发展指标			
社会经济可持续能力	指标 13	人口密度与经济密度	
	指标 14	海洋产业占 GDP 比重	
	指标 15	民生投入	
环境保障能力	指标 16	环境监测体系	
	指标 17	入海污染物总量	
	指标 18	近岸海域水质	
	指标 19	底栖类生物多样性	
	指标 20	海岸带环境管理措施	
	指标 21	企业环保投入占 GDP 比重	
	指标 22	海岸带石油类污染指数	
资源可持续利用能力	指标 23	可用海域资源	
	指标 24	可用岸线资源	
	指标 25	可再生能源比重	
	指标 26	水产品供应量	
	指标 27	天然湿地面积	
	指标 28	海岸带资源管理措施	
	指标 29	保护区网络的建设与管理	
防灾减灾	指标 30	海岸带的风险管理意识	
	指标 31	灾害造成的社会经济损失	
	指标 32	防灾减灾措施与能力	

EXECUTIVE SUMMARY

Dongying joined GEF/UNDP/PEMSEA Project on the Implementation of the Sustainable Development Strategy of Seas of East Asia (SDS-SEA) as a parallel site to develop and implement integrated coastal management (ICM) programs as early as in 2005. Since then, ICM programs were developed, tested and implemented as means to achieve the goal of balancing economic development and environmental conservation and sustainable use of valuable marine resources. The State of Coast Reporting initiated by the GEF/UNDP/PEMSEA Project in both demonstration and parallel sites across East Asian Sea region serves as a timely opportunity for Dongying to monitor and evaluate the implementation of its ICM programs in a holistic way by examining both governance and sustainable development aspects of ICM programs. The exercise also takes note of the gaps to be filled by its future programs to enable adaptive management for assured on-the-ground impact of the ICM programs.

A total of 32 context-specific indicators are selected focusing on both governance and sustainable development. In order for the assessment team to capture the trends of sustainable coastal development, data from 2005 to 2010 are collected, compared and analyzed to determine the results of ICM implementation as attached in a table. 12 indicators are used to assess coastal governance and 20 indicators are selected in sustainable development aspects. The assessment results of governance aspect appear positive except for the partly operationalized coordination mechanism. On sustainable development aspects, it is obvious that the social and economic sustainability has been greatly strengthened and resource sustainability has improved. As to the environmental safeguard capacity, the areas of natural wetlands, the areas of cleaner sea and level of investment by private sector have markedly declined. This report informs that the future ICM of Dongying should prioritize pollution mitigation, catalyzing environmental investment and rehabilitation of natural wetland through integrated river basin and coastal area management.

SUMMARY OF ICM IMPLEMENTATION RESULTS OF DONGYING, CHINA

Objectives	Areas	Indicator No.	Indicator	Description	Status in 2005	Status in 2009	Results
Governance	Policies & laws	1	Local policy and legislation	Newly adopted policies and laws	4 laws	3 new laws	
		2	Law enforcement capacity	Level of increase in enforcement capacity of marine surveillance brigade	No large tonnage ships; GIS is not used	New marine surveillance ships procured and enforcement mechanism in place	
	Strategies & plans	3	Regional development strategy and plan	Development strategy and plans pertaining to project area at national and provincial levels	4	5 new plans	
		4	Local strategy and plan	Local management strategy and development plans pertaining to project area	1	6 new plans	
	Institution & mechanisms	5	Institution for ICM	Local ICM institution in place and operational	No institution	ICM institution established and operationa	
		6	Coordination mechanism for ICM	Coordination mechanism in place and operational	No mechanism	Mechanism in place but not fully operational	

To be continued

Objectives	Areas	Indicator No.	Indicator	Description	Status in 2005	Status in 2009	Results
	Financial support	7	Management fund	Budget for ICM implementation	<RMB 10 million	>RMB 50 million	
		8	Sustainable financing	Availability of funding to ICM in future	About RMB 1 million	>RMB 1.3 million	
	Management capacity development	9	Hardware construction	Upgrade of management equipment and technical standards	No real-time monitoring system	Real time observation and monitoring system in place	
		10	Software construction	Training program for managers in place with enhanced skills, and more international cooperation activities	Initial stage	Dongying is established and more international cooperation activities	
	Public participation	11	Public awareness	Number of activities to raise awareness of ICM and level of public awareness	Few activities	Creation of Dongying ICM website, PEMSEA Dongying website	
		12	Stakeholder participation	Channels, ways and results of stakeholder participation in ICM	Only government partners	Channels and models of participation in place; private sector, aquaculture representatives attended in coastal use assessment	
Sustainable development	Socio-economic ustainability	13	Population and economy density	Population and GDP per unit length of coastline	4,370 persons · RMB 278 million/km of coastline	4,470 persons · RMB 499million/km of coastline	
		14	Percentage of marine economy in GDP	Ratio between marine industrial outputs to GDP	RMB 8.94 billion, accounting for 7.8% of GDP	RMB 30.97 billion, 15% of GDP	

To be continued

Objectives	Areas	Indicator No.	Indicator	Description	Status in 2005	Status in 2009	Results
		15	Livelihood investment	Ratio of investment in livelihoods development against GDP, employment rate, medical care, education rate and commodity price	Baseline data	Improving except Engel index of urban and rural populations	
	nvironmental safeguard capacity	16	Environmental monitoring system	Monitoring program and implementation of coastal environment	Non existent	With a comprehensive and well-designed monitoring program	
		17	Pollutant load to sea water	Various pollutants emptying into sea	No data	Incomplete data	
		18	Coastal sea water quality	Ratio of cleaner sea to coastal areas	Baseline data	Areas under slight pollution and medium-level pollution are increasing	
		19	Benthic biodiversity	Index of coastal benthic biodiversity	No data	Baseline data	
		20	Environmental management measures in coastal areas	Coverage and effectiveness of coastal environment restoration activities	No data	Rural environment management plan in place and increased investment in sewage treatment	
		21	Ratio of environmental investment to GDP	Ratio of infrastructure investment by enterprises to GDP	Baseline data	Decreasing	
		22	Oil pollution ratio of coastal areas	Ratio of petroleum concentration in coastal waters against declared standards	No data	Meeting Class 1 water quality standard	
	Capacity to sustainably use resources	23	Usable sea area	Ratio of useable sea areas to total resources	92.4%	86.3%	
		24	Usable coastline	Length of coastline actually monitored or imaged using satellites	No data	Reclaimed coastline representing 63%	

To be continued

Objectives	Areas	Indicator No.	Indicator	Description	Status in 2005	Status in 2009	Results
		25	Ratio of renewable energy	Ratio of renewable energy supply to total energy consumption	No data	Under development	
		26	Supply of fishery products	Production and value of fishery products	Valued at RMB1.89 billion	Valued at RMB3.29 billion	
		27	Areas of natural wetlands	Ratio of natural wetland areas of Yellow River delta to overall wetland areas	69%	65%	
		28	Coastal resources management measures	Planning and implementation of coastal resources	Stock of marine species replenished through release of artificial propagated fish fries, mollusks, etc	Increased outputs of capture fishery in crab and prawns, and new distribution record of Oriental White Stock (Ciconia boyciana) and Black Stock (Ciconia nigra) in restored wetland areas	
		29	Establishment of MPA network and management	Establishment of MPA network, maintenance and status of restoration of habitats and recovery of species	Low level of MPA management and investment	Yellow River Estuary National Nature Reserve Management Commission created in 2007 with a funding of RMB 52 million to restore wetland and improve management effectiveness	
	Disaster prevention and reduction	30	Awareness of coastal risks in coastal management	Update of coastal baseline data and risk assessment activities	No data	No detail reports	

To be continued

Objectives	Areas	Indicator No.	Indicator	Description	Status in 2005	Status in 2009	Results
		31	Disaster-induced social and economic loss	Social and economic loss resulting from natural and man-made coastal disasters	No data	No data	
		32	Measures and capacity to prevent and reduce disasters	Investment by government in prevention and reduction of disasters and results	No marine environment monitoring and forecast unit and plans	Marine environment monitoring and forecast center established in 2006, emergency responses plans for red tide, oil spill and storm surges in place and monitoring equipment upgraded	

前 言

自 1983 年建市以来，东营市的社会经济就走上了快速发展的轨道。特别是 2000 年以后，连续多年经济增长速度保持在 14% 左右。至 2009 年，全市常住人口数量达到 184.59 万，国内生产总值（GDP）达到 2 058.97 亿元，人均国民生产总值 102 370 元（合 15 114 美元）。

随着社会发展与经济实力的增强，东营市海岸带综合管理也取得了突破性进展。2005 年末，东营成为我国第一批海岸带综合管理平行示范城市之一。随后，东营市迅速地启动了《海岸带综合管理规划》的制订和实施，并逐步完善了管理战略与制度体系建设，加强了对海岸带使用的监管能力，提高了海岸带灾害的应对与预防能力，开展海洋资源环境的修复工作，特别保护区建设成果显著，并成立了多部门共同参与的海岸带综合管理委员会。通过这些工作，东营市完全将海岸带综合管理的理念融入到了城市建设与经济建设过程中，并形成了依托黄河与海洋，打造绿色城市的“河流　城市　海洋”一体化发展模式。

实施海岸带综合管理，可以促进东营市及黄河三角洲地区资源环境的可持续利用，从而保障社会经济的可持续增长。海岸带综合管理（ICM, Integrated Coastal Management）是从多学科、多层次角度研究综合的解决方案，旨在提高政府执行海岸带战略规划时的统一协调性，恢复生境和生物多样性，保障沿海居民的利益，增强海岸带资源和服务功能的可持续发展能力。海岸带综合管理是有关海岸带自然资源和环境管理的工作框架，应用综合的、整体的、交互的手段阐释海岸带区域复杂的管理过程（Chua, 2006），从而保护自然资源的功能性，提高管理效率和效能，并维持区域合理的经济活动。

开展海岸带状况报告的编制，可以掌握海岸带综合管理的效果，从而促进管理的适应性。海岸带状况报告（SOC Report, State of the Coast Report）是评估海岸带综合管理效果，改善适应性管理的有效工具。通过对东营市海岸带管理各个方面的总结与比较，了解实施海岸带综合管理后的效果，掌握管理中的新问题和新趋势，提高管理的适应性。

开展海岸带状况评估，有助于东营市海岸带综合管理水平的提高与经验的提炼。在东营市实施海岸带综合管理过程中，重点突出了“科学规划、强化布局；政府协调、普惠民生；黄蓝结合、绿色发展；企业支持、公众参与”的管理模式。通过对海岸带状况的评估，可以更好地掌握在上述管理模式中的不足与经验，从而不断地提高自身的管理水平，并将东营的经验与全社会分享。

因此，在东营实施海岸带综合管理 5 年后，编制了本报告，首次对东营市海岸带综合管理效果进行了评价。

本报告编制的主要方法参照了东亚海环境管理伙伴关系计划（PEMSEA）秘书处推荐的基础方法。针对东营市的实际情况与特点，其评估指标经过重新设计并经过国内专家的讨论，可以较为全面地反映东营市海岸带管理的实际状况。本报告编制的主要数据来自历年《东营市统计年鉴》及相关公报等公开资料。

本报告编制的目的是为了促进东营市相关政府管理部门在实施海岸带综合管理过程中及时掌握新问题、新动向，明确当时海岸带综合管理中需要关注的重点，提高适应性管理能力。本报告也可以作为公众了解东营市海岸带综合管理工作的窗口，通过对管理现状和有关政策的了解，自愿地参与到海岸带综合管理的各项工作中来。

海岸带状况报告

海岸带状况报告是政府用来评估海岸带综合管理的进展、实施并用于不断改进管理的工具之一（NWLGI，2008）。它通过一系列指标的对比来表达海岸带资源和环境发生的变化，并对下一步的管理工作提供参考；它是一个常规性的总结和提炼过程，并通过不断的评价来修订或完善海岸带综合管理项目计划，为海岸带综合管理的跨部门协调提供战略与行动的建议（Chua，2006）。

1 东营市概况

东营市位于山东省北部，黄河入海口的三角洲地区，东、北临渤海，西与滨州地区毗邻，南与淄博、潍坊接壤。管辖国土面积为 8 053 平方千米，下辖东营、河口、广饶、利津和垦利等五区（县）。

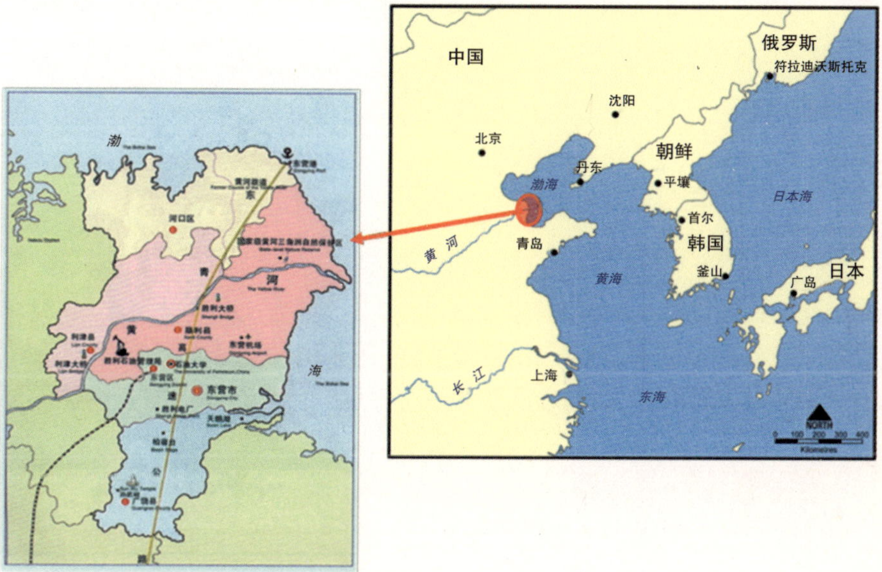

图 1.1 东营市行政与地理位置示意图

东营市具有石油、天然气、海盐和海岸带四大资源优势。全国第二大油田——胜利油田 80% 的石油地质储量和 85% 的产量集中在东营境内，已探明的石油地质储量达 48.3 亿吨、天然气地质储量达 2 300.4 亿立方米，2008 年实现总收入 1 550.96 亿元。东营市地下卤水静态储量约 135 亿立方米，是全国最大的海盐基地。此外，东营市还拥有河口湿地、岩礁、泥滩等各类型海岸线，总长 412.67 千米、浅海和滩涂面积约 6 000 平方千米。

东营市的社会经济近年来快速发展。自 1983 年建市以来，东营市的社会经济就走上了快速发展的轨道，特别是 2000 年以后，连续多年经济增长速度保持在 14% 左右。2009 年，全市常住人口数量达到 184.59 万，国内生产总值（GDP）达到 2 058.97 亿元，人均国民生产总值 102 370 元（合 15 114 美元）。

东营在我国沿海地区经济发展中具有重要战略意义。东营是在黄河三角洲昔日荒凉的盐碱地上平地拔起的一座新兴城市，被誉为石油之城、生态之城。具有聚集生产要素、吸引各方投资和辐射周边、带动区域发展的良好区位条件，是黄河三角洲的核心区域和中心城市，同时也是黄河三角洲高效生态经济区建设的主战场和龙头。国家先后把发展黄河三角洲高效生态经济列入“十五”计划和“十一五”规划，省委、省政府把黄河三角洲开发建设作为全省“一体两翼”中北翼的重点推进实施。

2　东营市的海岸带与海岸带综合管理

2.1　海岸带资源与产业

2.1.1　海岸带资源

东营市海岸线南起小清河向广饶一侧，北至顺江沟向河口区一侧，经实际勘测全长412.67千米，其中人工海岸线长261.71千米，天然海岸线长150.96千米。东营市海岸带的主要生境包括海洋、河口湿地、岩礁、泥滩等类型，海洋国土面积5 901.69平方千米。其中0米至岸线滩涂面积1 223平方千米，-10米等深线以内浅海面积近4 800平方千米。

由于特殊的地理位置，东营市海岸带自然资源种类繁多，储量丰富。主要优势资源有浅港口航运资源、海洋渔业资源、养殖资源、矿产资源、海油气资源、滨海旅游资源和海盐资源等。

【港口资源】东营港区有优良的通向外海的深水航道，发展海上交通运输条件非常优越。目前已建成商、油、渔港20余处，泊位100余个，其中3 000吨级泊位5个，另有2个3万吨级码头正在建设中，港口货物年吞吐量近2 000万吨。

【生物资源】东营市具有丰富的生物资源，仅黄河三角洲国家级自然保护区内就有各种生物共1917种。其中属国家重点保护的野生动植物50种，列入《濒危野生动植物种国际贸易公约》的47种。此外，东营所辖海域也是黄、渤海水域渔业生物资源的主要繁殖场，有海洋生物600多种。

【渔业资源】东营市海岸线长413千米，占全省的1/7；滩涂面积12万公顷（180万亩），占全省的2/3；-15米等深线以内浅海面积4 800平方千米，占全省的1/3，全市30多万公顷土地后备资源也主要分布在沿海地区。东营市沿海营养盐含量丰富，初级生产力高，生物资源多样，渔业资源种类约有130余种，其中重要的经济鱼类和无脊椎动物50余种，分布于滩涂的贝类资源近40种，其中经济价值较高的贝类有10余种。2008年，东营市实现水产品总产量40.72万吨，渔业总产值31.02亿元。

【养殖资源】东营市海岸线南起小清河向广饶一侧（6号桩与7号桩连线交点），北至顺江沟向河口区一侧，全长412.67千米，0米线至海岸线滩涂面积12万公顷。0~5米等深线浅海面积15.29万公顷。沿岸水浅、滩宽、地势平坦，沿岸河流众多，水体营养盐丰富，是比较理想的海洋农牧化基地，尤其适合多种贝类生长栖息，是全国著名的贝类生产区。

【矿产资源】东营市区域内已探明的矿产资源主要有石油、天然气、贝壳砂、岩盐、卤水等，金属矿产较少。石油预测资源量75亿吨；滨海地区浅层卤水储量达74亿立方米，地下盐矿床面积600平方千米，具备年产600万吨原盐的资源条件，地热异常区1 150平方千米。

【油气资源】东营市境内油气资源丰富。作为中国第二大石油生产基地，2008年生产原油2 774万吨，新增探明石油地质储量1.04亿吨。到2008年底，累计探明石油地质储量48.24亿吨，探明天然气地质储量500.85亿立方米，连续6年实现三级储量过亿吨。

【旅游资源】东营市滨海旅游资源比较丰富，黄河口、大湿地、温泉等旅游资源具有垄断性或独特性，旅游业发展潜力巨大。目前已建成黄河口生态旅游区和天鹅湖温泉旅游度假区两大旅游基地。

【海盐资源】东营市盐场遍布全市沿海地区，主要有广饶盐化集团公司盐场、东营区王岗盐场、垦利县盐场、垦利县永丰盐场、利津县及乡镇盐田、河口区新立盐场、新户盐业一场、二场等。盐田面积3 992.11公顷，年原盐生产能力360万吨。

【清洁能源】东营市的清洁能源主要为风能。年平均有效风能4~20米/秒，北部风能资源比较丰富，开发风能资源的潜力很大。

东营市依托明显的区位优势和丰富的海岸带资源，海洋渔业、海上交通运输业、滨海旅游业、海洋石油、盐业及海洋化工等产业已成为东营经济社会发展新的增长点，初步形成了较为完善的海岸带产业格局和生产力布局。

2.1.2 海岸带利用现状

（1）岸线利用现状

分布在东营市 413 千米海岸线上的主要产业有滨海旅游业、海洋盐业、海洋油气业、海洋运输业、海洋工程建筑业、海洋渔业等。海岸带按用途划分，可分为养殖、石油开发、盐业及围垦、港口、湿地保护区、旅游及科学研究，以及未开发利用的部分，各部分利用比例如图 2.1 所示。

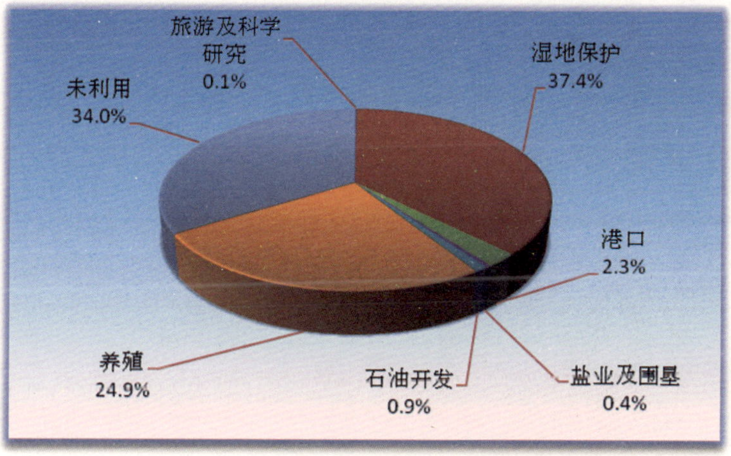

图 2.1 东营市海岸带利用类型比例图

（2）海域与滩涂利用现状

目前，东营市使用海域与滩涂的主要行业有：海水养殖、海洋油气开发、港口航运业等。主要用海类型为浅海增养殖用海、港口用海、油气开发用海、科研用海等。目前全市用海项目共计 541 个，其中，浅海增养殖用海 335 个、港口用海 13 个、油气开采用海 178 个、科研用海 8 个、工程用海 4 个、盐田用海 3 个（图 2.2）。

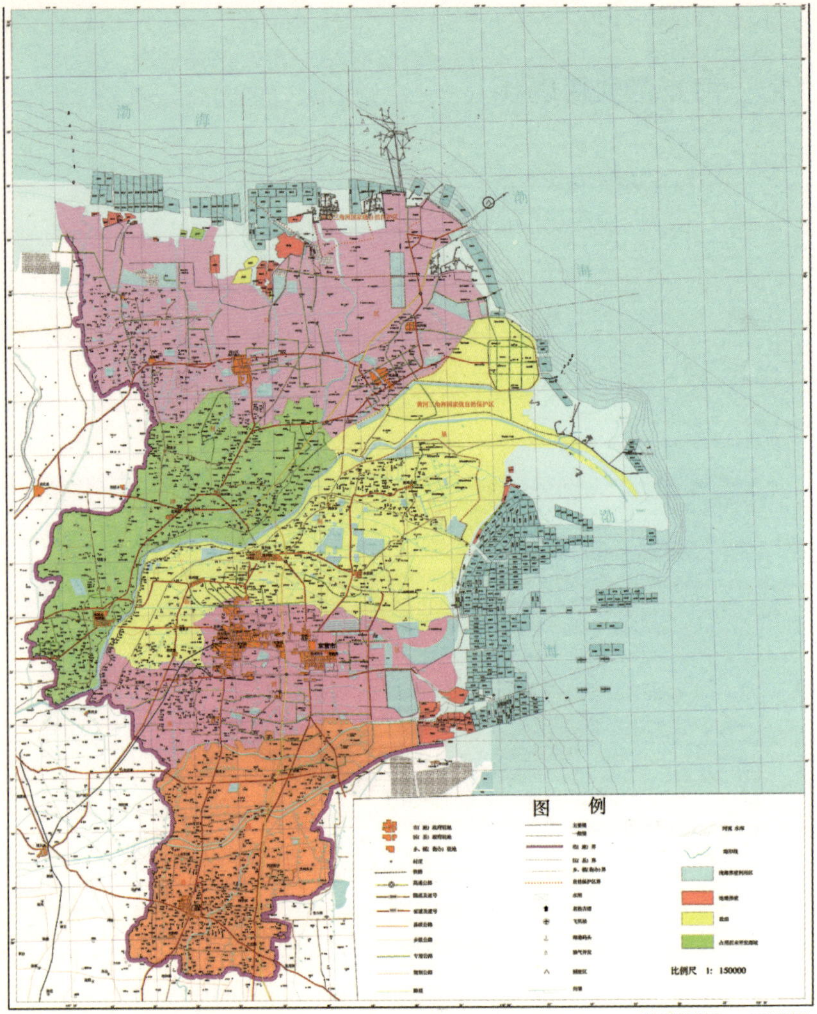

东营市海洋与渔业局　2009年1月绘制

图 2.2　东营市海域使用现状

2.1.3　海岸带产业

东营市海岸带的主要产业包括：港口业、海洋油气勘探、海洋渔业、滨海旅游业、海上交通运输业以及其他产业等，其中海洋油气开采及加工业所占比重最大，滨海旅游业近年来发展较快。海洋油气勘探开发不断实现新突破，建成钻井平台 8 条，井下作业平台 4 条，各类浅海采油平台 93 座，浅海原油、天然气产量分别达到 220 万吨、1.8 亿立方米。盐及盐化工业持续发展，全市盐田面积达到 53 992.11 公顷、原盐年生产能力 360 万吨，全年生产原盐 207.74 万吨。海洋交通运输业稳步发展。全年共完成水路货运量 66 万吨，港口货物吞吐量 54.2 万吨，东营港、广利港扩建工程积极推进。滨海旅游业日益兴起，以黄河入海口为主体的融广袤、新奇、野趣为一体的河口景观、湿地景观和海滩景观初步形成，黄河口生态旅游区被列为全省六大重点旅游区之一。

2008 年，东营市海洋产业总产值达 213.7 亿元，其中，海洋油气产值 100.4 亿元，增加值 70.3 亿元；海洋渔业总产值 27.3 亿元，实现增加值 14.7 亿元；滨海旅游 27.6 亿元，增加值 19 亿元；盐及盐化工业 2.5 亿元，增加值 1 亿元；海上交通运输业 0.75 亿元；石油加工业 42.1 亿元，增加值 34.6 亿元（图 2.3）。

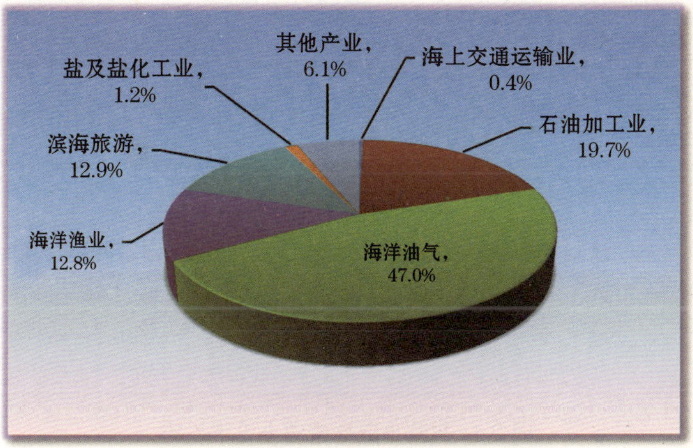

图 2.3 东营市海岸带利用类型比例图

2.2 东营市海岸带综合管理现状

随着国家、省、市等关于海岸带资源环境的法律法规等配套制度的逐步完善，东营市的海岸带综合管理能力也日益提高。特别是在海岸带基础设施建设、灾害防预、资源管理、环境监测、环境保护等方面成果突出，主要如下。

（1）成立海岸带综合管理机构，建立了较为完善的协调体制

为了加强东营市海岸带综合管理的执行能力与协调能力，由东营市人民政府的 16 个相关局（委、办）组成的“东营市海岸带综合管理领导委员会”，领导委员会下设“专家委员会”、“公众委员会”和“常设办公室”等 3 个议事与执行机构（图 2.4），并建立了管理机构的协商制度、例会制度、联合执法制度、

决策咨询制度、共享制度和信息交流制度等。这些管理机构与协调体制的建设，有效地解决了管理过程中的各部门冲突，实现了以政府协调为主导，以普惠民生为目标的管理模式。

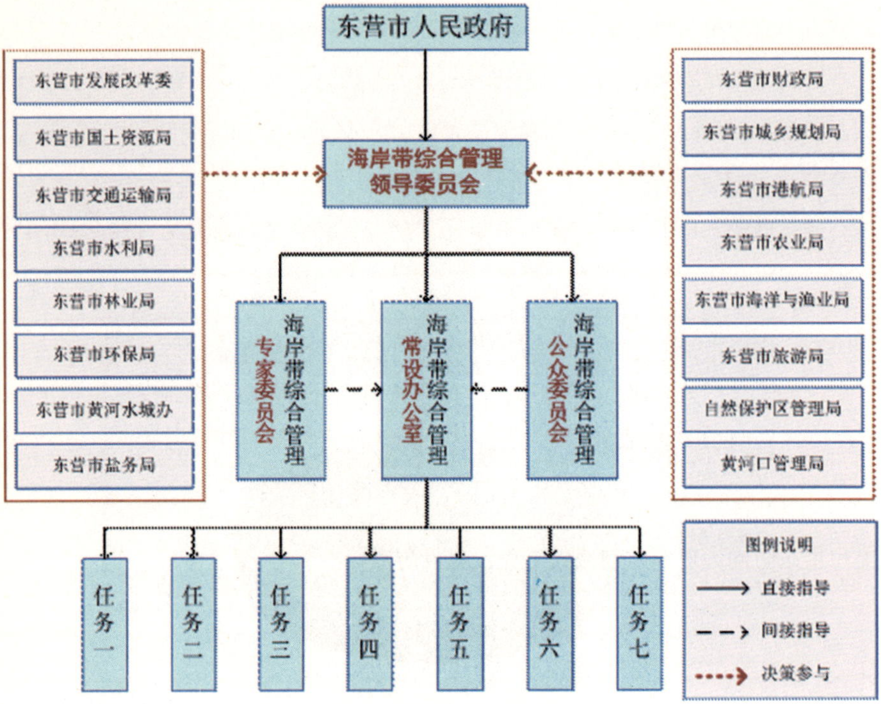

图 2.4　东营市海岸带综合管理机构

（2）制度体系建设日渐完善，环境监管机制得到加强

东营市先后制定完善了《东营市海洋功能区划》、《东营市海洋环境保护规划》、《东营市海洋产业发展规划》、《东营市海域使用规划》、《东营市海域使用管理办法》和《东营市海洋与渔业污染事故处理办法》等规章制度，组织编制了《东营市海岸线勘定方案》、《东营市数字海洋工程建设总体方案》、《东营市海洋生态调查报告》、《东营市贝类资源调查报告》、《东营市防风暴潮、海啸、海冰灾害应急预案》、《东营市赤潮应急预案》和《东营市海上溢油事故应急预案》等方案，连续 6 年发布《东营市海洋环境质量公报》，为海域使用、海洋产业调整和海洋环境保护提供了依据。突出了科学规划、强化布局在海岸带综合管理中的指导意义。

（3）污染源得到有效管理和控制，近岸海域水质状况整体趋于好转通过对影响东营近岸海域水质的点源、面源、移动源等污染源头的控制，以及对新增污染源的严格管理，有效地减轻了东营市近岸海域的环境压力。近年来，东营市在涉海项目的建设审批过程中，认真落实海洋环境影响评价和“三同时”制度，全市大中型项目“三同时”执行率达到100%，有效控制了新污染源的产生。同时严格执行排海污染物总量控制与减排方案，通过编制东营市“十一五”环保规划，与山东省政府签订的主要污染物减排责任书等，2008年实现了在2007年的基础上化学需氧量削减6%的目标，减轻了东营市周边海域的环境污染负荷，2008年近岸水质达标率达到76.3%，对改善海洋环境质量起到了一定作用和效果。

（4）基础设施建设得到强化，海岸带生态环境和灾害预防工作进一步完善

东营市先后投资1亿多元建成并投入使用日处理能力10万吨的中心城污水处理厂，使城市生活污水处理率达到69.5%；投资8 315万元加大生活垃圾无害化处理场的建设和改造，使城市垃圾无害化处理率达到86%；投资83.5亿元，治理采油污水，使污水回注率达到94%；投资6.51亿元，先后建成城东防潮大堤和垦东防潮大堤等防潮减灾工程，建设防潮标准50年一遇的海堤81.4千米，并构筑起了200千米长的滨海屏障。这些基础设施的日益完善不仅有效地保护了海岸带的生态环境，也增强了海岸带区域对自然灾害的预防能力。

（5）沿岸环境资源的保护得到充分重视，保护区建设成果显著

为加强对海岸带区域的自然生态环境进行保护，在东营市先后设立了黄河三角洲国家级自然保护区、东营河口区浅海贝类生态国家级海洋特别保护区、东营黄河口生态国家级海洋特别保护区、东营利津底栖鱼类生态国家级海洋特别保护区、东营莱州湾蛏类生态国家级海洋特别保护区和东营广饶沙蚕类生态国家级海洋特别保护区6个国家级保护区。其中黄河三角洲国家级自然保护区于1990年12月建立，1992年10月被国务院确定为国家级自然保护区，总面积15.3万公顷，以保护黄河口湿地生态系统和珍稀、濒危鸟类为主；其余五处国家级海洋特别保护区成立于2008—2009年，总面积达1 691平方千米，涵盖全市近海重点渔业海域，主要保护对象有小刀蛏、文蛤、沙蚕、半滑舌鳎及黄河口特有的刀鲚、大银鱼等水产经济物种。随着保护区建设的开展，东营市将通过一系列的保护和管理措施，探索海洋生物资源的可持续开发利用，为长期整治与修复黄河三角洲的生态系统奠定基础。

（6）重点区域的监视监测得到加强，海岸带综合管理能力进一步提高

东营市结合实际需求和本地特色，对海岸带的重点区域采用以海洋浮标、地波雷达、观测台站、专用摄像机、专用镜头、透雾夜视设备、移动监测车船等前端多种图像及数据采集手段和地面监视监测队伍现场监视监测，实现全市管辖海域多点位、定点、大范围远程自动实时监视监测监控，对重点海域实行24小时不间断监视监测监控，使得对海岸带的综合执法与溢油、赤潮等海上突发性事件的预防能力得到提高。

2.3 面临的问题与挑战

2009年11月23日，国务院正式批复了《黄河三角洲高效生态经济区发展规划》【国函〔2009〕138号】。这标志着黄河三角洲地区的开发上升为国家发展战略，黄河三角洲地区将又迎来一次快速发展的重要机遇。因此，东营市的海岸带综合管理在取得巨大成效的同时，在黄河三角洲高效生态经济区建设与发展的新形势下，也面临着更高的要求与挑战。

（1）海岸带开发与保护的矛盾依然突出

东营市地处黄河三角洲高效生态经济区中心，又是山东半岛蓝色海洋经济区建设的重点城市，两大区域发展战略交汇，为东营市的海岸带发展提供了重要机遇，也使得开发与保护的矛盾进一步突显。如何进一步加强和巩固“黄蓝结合、绿色发展”的海岸带管理目标，如何充分发展东营市的生态经济和环境友好产业，构建绿色产业发展模式，实现东营市从石油之城向生态之城的转换等问题将是未来东营市海岸带综合管理中需要解决的重要挑战。

（2）海岸带综合管理中企业支持不足，公众参与有待加强

在目前东营市海岸带综合管理模式中，对“企业支持、公众参与”的落实力度有待进一步加强。充分调动东营市的龙头企业、海岸带相关企业等的社会责任感，吸引企业在环境资源保护与修复中的投入，充分发挥企业在海岸带资源环境可持续利用中的作用，将极大地节省政府的管理成本。同时，政府通过积极帮助企业实现绿色发展模式，构建海岸带管理过程中政府与企业密切合作

的伙伴关系，这也是 PEMSEA 的重要理念之一。公众是另外一个作用巨大，需要积极引导的群体，广泛开展对公众的引导与宣传，提升公众参与 ICM 的热情，增加公众在政府决策中的话语权。

（3）近海生态环境仍然面临着巨大压力，承载能力有待进一步提升

2009 年的监测与评价结果表明，8 个重点排污口中 75% 的排污口不能满足海洋功能区要求，87.5% 的排污口邻近海域水质为四类或劣四类；75% 的入海排污口邻近海域生态环境质量等级为差或极差状态。重点排污口邻近海域中主要污染物超标率分别为：悬浮物 51.8%；无机氮 28.4%；磷酸盐 26.5%；化学需氧量 14.3%；石油类 12.1%；生化需氧量 11.6%。

此外，黄河口周边生态系统脆弱。黄河口处于大气、河流、海洋与陆地的交接带，是世界上典型的河口湿地生态系统，其沿岸海域则是多种物质和动力系统交汇交融的海区，陆地和淡水、淡水和咸水、天然和人工等多类生态系统交错分布，生态环境比较脆弱。

（4）管理技术体系尚未建立，监管技术与手段有待进一步完善

由于多年来对海岸带的认识与管理都是基于单一学科、单一行业的，基于生态系统的认识还较为薄弱，无法综合考虑海岸带生态系统的整体特性，因此目前东营市的海岸带综合管理尚缺乏基于生态系统的管理技术体系。同时，由于目前的技术限制，对于该区域的生态环境监管也未能做到全覆盖、多手段和高时效性等，管理决策与管理行动往往较为滞后，难以及时地解决生态环境问题。因此，需要进一步完成基于生态系统的海岸带综合管理技术保障能力建设，完成基于生态系统的管理技术与监管技术储备。

基于生态系统的管理

近年来，随着对生态系统认识的不断深入，海岸带综合管理也从单一的环境资源管理转向基于生态系统整体性和服务功能调控为主导的管理。生态系统管理（EBM，Ecosystem Based Management）是指在对生态系统组成、结构和功能过程加以充分理解的基础上，制定适应性的管理策略，以恢复或维持生态系统整体性和可持续性（Vogt *et al.*, 1997; Maltby *et al.*, 1999）。

3 海岸带状况评估与报告系统

3.1 概述

3.1.1 海岸带状况报告系统的基本概念

海岸带综合管理需要大量的海岸带状况的信息，管理的需求决定了对信息的需求。海岸带状况报告是政府用来评估海岸带综合管理的进展、实施并用于不断改进管理的重要工具之一。它是对实施综合管理的海岸带区域的技术性和解说性的综合文件，可为该地区的环境和管理状况开展综述，包括生物地理学特征、海岸带和海洋环境现状，以及法律和制度安排等（Mc Manusand Chua, 1990; Chua et al, 1987; ITTXDP,1997; MTE, 1996）。海岸带状况报告的另一种作用是发现问题，提出开展各种研究的建议，填补信息缺口、修订或完善海岸带综合管理计划，并为战略与行动的综合、跨部门的协调提供建议（Chua, 2006）。

在本报告的编制过程中进一步扩充了 PEMSEA 对海岸带状况报告的定义，我们将它定义为“海岸带状况报告系统（Reporting System of the Coast Status）”。它通过一系列的指标体系设计，评估某一区域内的海岸带综合管理绩效，通过对各指标变化趋势的定量或定性判断，反映管理行动的进展与预期效果的差距、发现信息的不足，从而促进管理机构调整管理措施，改善海岸带社会经济与资源环境的可持续能力。

海岸带状况报告系统是政府实施海岸带综合管理的重要工具与评价手段，更是公众了解海岸带现状的重要途径。通过对本区域内不同时期的海岸带状况进行评价，公众可以直观地感受到实施海岸带综合管理对海岸带可持续发展能力的改善，了解政府在海岸带管理中的思路与目标，并通过畅通的途径积极地参与到该过程中。

3.1.2 海岸带状况报告的原理及目标

海洋综合管理的主要目标是沿岸和海洋及其生物资源的可持续开发和利用。沿岸和海洋的可持续发展谋求从这些生态系统获得最大的经济、社会和文化效益，同时不损害生态系统的健康和生产力（UNESCO, 2006）。亦即在保持生态系统的健康和生产力完整性的前提下，管理人类行为和活动，最大限度的减轻人类活动对生态系统带来的负面影响（PEMSEA, 2010）。

海岸带区域通常涉及多个使用者和各级（国家、省、市等）政府部门，在共同拥有海域使用权的情况下，还涉及与国际地区的合作和制约。这意味着海岸带综合管理涉及跨部门的、跨政府的、地域的、科学的和国际合作等诸多方面(Cicin－Sain & Knecht, 1998)。如何有效地解决这些问题、展示管理工作的进展，同时为利益相关者和公众提供信息沟通渠道，是海岸带综合管理的核心和最具挑战性和创新性的特征。海岸带状况报告系统的建立，充分体现了海岸带综合管理的高度综合、高效、互动的特点。它通过一系列指标的对比来表达海岸带资源和环境发生的变化，为下一步的管理工作提供参考；它是一个常规性的总结和提炼过程，通过不同时期的海岸带状况评价来修订或完善海岸带综合管理项目及措施，为跨部门的协调管理提供政策和行动的建议（Chua, 2006）。

海岸带综合管理的初始阶段产生的海岸带状况报告为基线报告（Baseline Report），即综合管理开展之前或者初期，海岸带区域的社会经济和资源环境状况。基线报告是重要的参考和起点，其作用包括：

◆ 提供社会经济、人口、环境状况的定量或者定性的基线信息，以及特定区域管理措施的开展情况；

◆ 明确既有的管理机制和执行机构；

◆ 识别海岸带综合管理中需要优先关注的问题；

◆ 为社会经济和环境指标设立初始值，以便这些随时间变化的参数能进行对比；

◆ 找出监测工作中需要弥补的数据空白。

对海岸带综合管理工作来说，海岸带状况报告系统能够：

◆ 回顾海岸带综合管理涉及的各方面；

◆ 评估海岸带综合管理执行的深度和有效程度；

◆ 跟踪特定区域社会经济和环境指标的变化；

◆ 明确指标变化的原因；

◆ 深化海岸带综合管理中的适应性管理工作。

海岸带状况报告系统的目标包括：

◆ 建立定性与定量的基线信息；

◆ 确定问题优先级；

◆ 确定需要进一步研究或监测的关键数据缺口；

◆ 为海岸带战略或环境管理计划提供信息参考；

◆ 为环境风险评估提供投资机会。

3.1.3 海岸带状况报告的应用范围

作为反映海岸带综合管理不同时期成果的海岸带状况报告，其目标人群涉及如下。

（1）管理部门。管理者需要通过某些量化的指标掌握海岸带综合管理执行的效果、调整项目方案和预期成效，从而提高管理能力、优化项目实施目标。

（2）决策者。高层官员可以直观的关注海岸带综合管理的实施进展，对比项目开展效果和预期愿景的差距，为调整下一步方案提供支持。

（3）科研部门。海岸带政策和管理方法的研究人员，融合科学方法与实践经验，从科学、人文、环境的角度关注海岸带综合管理的效果。

（4）利益相关者。海岸带开发利用直接或间接影响的当地各部门、企业，参与海岸带环保计划的制订，同时关注社会经济效益和环境效益，帮助保护弱势群体的发展权。利益相关者参与海岸带状况报告的编制、论证过程，增进各部门的协调合作，也为各行业的发展提供科学支持。

（5）公众。关注自身生存环境，提高海岸带综合管理的透明度和可参与性，利用沟通平台反馈群众意愿。海岸带综合管理概念的普及也有利于管理工作的开展，形成良性循环。

3.2 国内外现状及进展

海岸带状况报告是专门针对海岸带综合管理的效果进行评价的一份工作报告，国内外都开展了一些相关的工作。比较有代表性的包括菲律宾八打雁省的海岸带状况报告，美国国家大气海洋局（NOAA）开展的海岸带状况（1998—2001）评价，美国北卡州海岸带状况报告和欧洲环境委员会（SOC-EU）的海岸带状况报告等。

3.2.1 北美地区

由北卡罗来纳州海岸带联盟编写的一系列海岸带状况报告（SOC-NC 2008; 2009; 2010）重点向公众介绍海岸带面临的挑战和灾害，引导公众参与海岸带保护工作。2008 年的报告就暴雨带来的径流污染对临近海域的影响作了生动的分析，呼吁人们节约用水、控制化肥农药的使用；2009 年的报告介绍了海岸侵蚀的原因和过度采砂的后果以及海平面上升的隐患，邀请公众为海岸带保护献言献策、主动停止过度开采行为，维护海岸带生境完整；2010 年聚焦流域和湿地等鸟类栖息地的保护，号召公众从可持续发展的角度保护海岸带生态系统的健康和海岸带资源完整。

佛罗里达的海岸带状况报告（SOC-Florida, 1996）定义为分析海岸带关键指标表征的海岸带资源、环境和社会经济变化趋势，帮助决策者了解海岸带的自然、文化和经济资源，从而协助资源管理工作的开展。该报告分析了人口增长对海岸带带来的种种压力，海岸带资源破坏、生态环境退化、物种减少以及飓风灾害对人沿岸居民的影响，列举了未来的工作重点。

图 3.1 佛罗里达海岸带状况

弗吉尼亚的海岸带状况报告

（SOC-Virginia, 2001）也旨在关注海岸带资源的变化，为政府的环境管理和长远规划提供信息。报告列举了海岸带景观、野生生物、渔业和生境现状，并把政府的规划、水质和公众意识也列为指标。

3.2.2 欧洲地区

欧洲环境委员会在2004年编写的一份海岸带状况报告（SOC -EU）里采用了指标模式，把海岸带状况分为管理执行进度和可持续发展两方面，分别筛选了26和27个指标，将1995年和2000年的国家、地区和当地三个层面的进展状况进行对比，用地理信息系统展示每个指标的分布，分析数据缺失和下一步工作的重点。

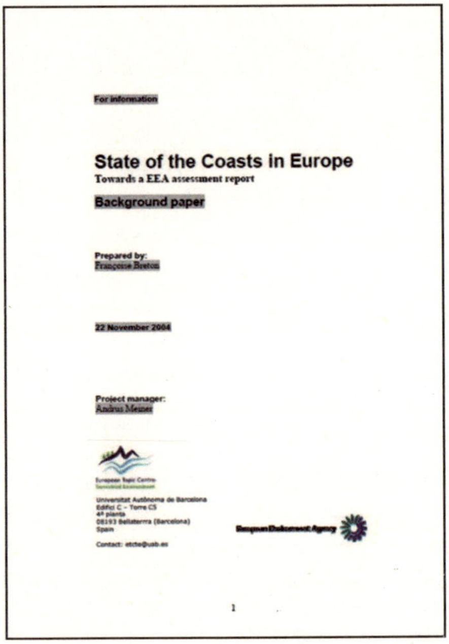

For information

State of the Coasts in Europe

Towards a EEA assessment report

Background paper

Prepared by:
Françoise Breton

22 November 2004

Project manager:
Andrus Meiner

Universitat Autònoma de Barcelona
Edifici C - Torre C5
4ª planta
08193 Bellaterra (Barcelona)
Spain

Contact: etcte@uab.es

1

图3.2 欧洲环境委员会2004年海岸带状况报告

3.2.3 亚洲地区

菲律宾八打雁省的海岸带状况报告（SOC－Batangas）也采用了指标对比法，报告中解释了每个指标的选择原因和数据盲点。同时这种模式也是东亚海环境管理伙伴关系计划（PEMSEA）推广的。自1994年东亚海周边国家开展这项工作以来，PEMSEA通过与各政府间、机构间及部门间建立伙伴关系，已成为促进我与周边国家开展海洋合作和交流的重要途径之一，为成员国在海岸带综合管理领域带来新的理念和经验，得到了广大成员国的认可。该项目目前实行第三阶段，旨在通过“综合管理”的途径，增强成员国制定和执行海洋可持续发展战略的能力，在整个地区推广海岸带综合管理。PEMSEA中国地区的海岸带综合管理平行示范区都将编写海岸带状况报告，厦门市的中英文初稿已经于2010年夏编写完成。

中国的海洋公报体系也是一种类似海岸带状况的报告，主要包括海洋环境质量公报、海洋灾害公报、海平面公报、海洋经济公报等。该公报从不同方面去掌握我国海洋环境现状、海洋灾害变化和海洋经济发展情况，是政府的海洋管理和公众了解海洋的重要参考。

3.3 海岸带状况报告的编制

3.3.1 海岸带综合管理是一个循环过程

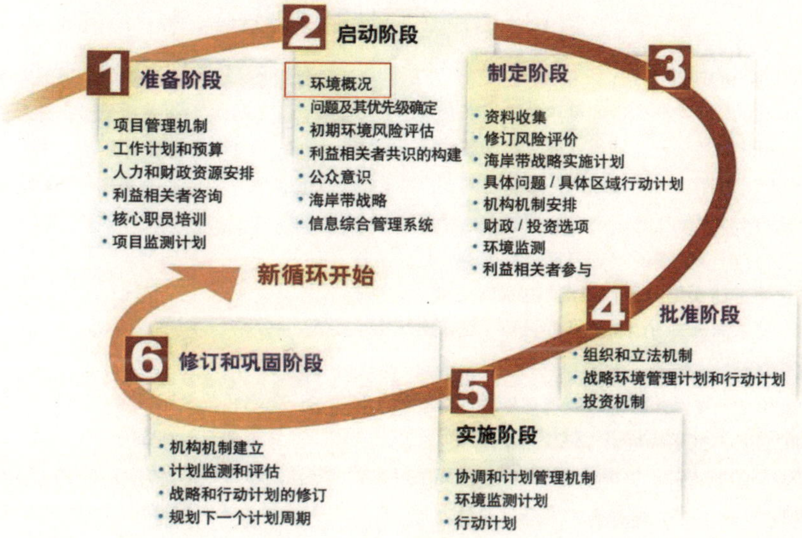

图 3.3 海岸带综合管理的实施过程

海岸带综合管理是一个循环过程（图 3.3），这一过程包括①准备②启动③制定④批准⑤实施⑥修订和巩固 6 个步骤（Chua, 2006）。

阶段 1：准备阶段。包括建立项目管理办公室、确立项目团队、建立项目协调委员会并明确与地方政府之间的合作关系。为项目运转获取充足的预算，与利益相关者就项目的目标和周期达成一致，争取人力和财政支持。

阶段 2：启动阶段，最重要的一个环节就是编写环境概况报告，以便了解项目区的社会经济、文化、政治、资源和生态环境特征。通过环境概况报告的编写，摸清项目区环境和管理状况，发现问题、确定问题的优先程度。通过与利益相关者及公众的沟通，明确海岸带发展战略的重点和焦点。

阶段3：海岸带综合管理计划制定阶段。该计划是在海岸带状况报告基础上，既全面的、综合的考虑项目区的行动计划，同时优先解决机构机制的薄弱环节和发现的环境问题。可持续融资机制、协调机构的运行和海岸带区划及环境监测体系的完善是海岸带综合管理计划的主要内容。利益相关者的咨询与参与贯穿本阶段的各过程。

阶段4：计划审批。海岸带战略和行动计划获得地方政府主管部门的批准是该阶段的关键环节。有组织上、法律上和财政上的持续支持，海岸带综合管理计划就会得到有力的执行。

阶段5：计划实施阶段。该阶段要建立多机构和（或）多部门的协调机制，其中包括利益相关者和公众的参与。让公众了解到海岸带综合管理计划涉及的环境问题和食品安全、社会保障等方面的问题，从而提高业主意识，主动参与到计划的实施中来。

阶段6：计划修订与完善。海岸带战略实施和行动计划需要根据利益相关者咨询过程中不断反馈来的意见加以修订和完善。海岸带综合管理具有循环特性，基于上一期计划建立的基础，关键的问题在于确保把海岸带综合管理计划与地方政府的规划与发展计划同步。通过政府、管理部门、利益相关者和公众的不断努力，由人类活动引起的环境风险可以逐渐地减少、减轻或获得控制。在阶段6之后，新的计划启动，新的管理周期开始。

因此，海岸带综合管理的实施过程是一个系统的、渐进的、迭代的体系。管理者通过海岸带状况报告来识别、甄选环境和管理问题，通过实施过程各层面的参与和反馈，调整计划的目标和周期，形成完善的协调和沟通体制，促进海岸带区域的可持续发展。

3.3.2 海岸带状况报告体系的框架与内容

根据近 20 年来 PEMSEA 组织在东亚海地区推行海岸带综合管理的经验，海岸带区域可持续发展框架如图 3.4 所示。对于大部分国家处于发展中阶段的东亚海地区来说，一个以海岸带综合管理认证体系为目标的综合管理模式应包括管治（Governance）和可持续发展（Sustainable Development）两个层面。

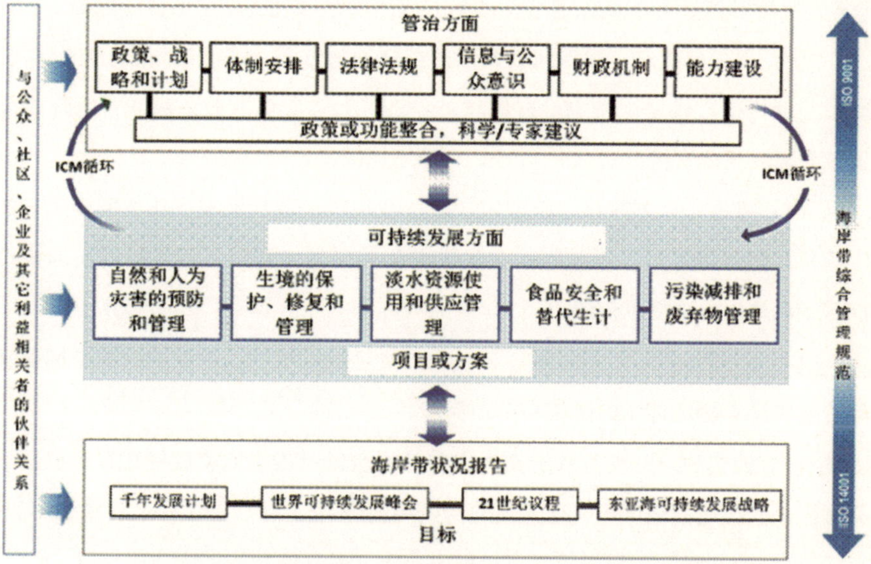

图 3.4 海岸带区域可持续发展框架（PEMSEA, 2007）

海岸带区域的管治可以定义为与社区、产业、非政府组织和其他利益相关者相关的各个部门，通过国家、下属行政区和法律、政策和计划以及风俗、传统和文化等，对海岸带区域进行管理的程序和制度。该制度能够改善管理区域的生物资源和社会经济条件。

根据 Cicin－Sain 和 Knecht（1998）的论述，海岸带区域管治的主要目的有：

- 实现海岸带区域开发利用的可持续发展；
- 维护沿岸和海洋基本的生态过程、生命支持系统和生物多样性；
- 减少海岸带生境及民众面临自然或人类引起的灾害时的脆弱性；
- 分析并解决海岸带自身保护与经济发展、人类活动之间的冲突；
- 促进沿岸各部门开发活动的沟通与和谐。

在海岸带区域可持续发展框架中，海岸带管治包括战略与政策的综合，在制定具体财政、生态保护和能力建设的实施计划时起到主导作用；还包括推动跨部门跨领域合作的机制，设立相应的法规保障计划和政策的施行，促使生成可持续的环境管理财政机制，加强政府海岸带综合管理的能力建设（SOC-Batangas）。具体来说，包括以下6方面。

（1）管理条例与法案：海岸带管理需要相关法令与法规的支持，尽管当地政府没有立法权，相关的国家法律或地方政令都是管理工作中的执法保障。

（2）规划与战略：短期或者长期的综合治理方案、发展规划和行动计划，旨在治理污染、修复生境或发展海岸带经济。对于实施有效的海岸带管理是政策和资金的双重支持。

（3）机构与机制建设：跨部门、跨行业和跨地域的管理工作，需要统一的协调和分配。诸多利益相关方的意见咨询和海岸带可持续发展策略的实际执行都需要有效的机制提供保障。

（4）财政支持：政府、市场和民间的资金投入机制，对保护资源和环保基础设施建设等提供持续的财政支持和保障。

（5）能力建设：地方政府在海岸带管理执行过程中的软硬件建设。包括环境监控、执法能力建设和管理人员的培训计划等。

（6）公共参与：海岸带管理过程中公众意见反馈和决策参与的渠道。

可持续发展（Sustainable Development）是20世纪80年代提出的一个新概念。1987年挪威首相布伦特兰夫人在她任主席的联合国世界环境与发展委员会的报告《我们共同的未来》中，第一次阐述了可持续发展的概念，得到了国际社会的广泛共识。可持续发展是指既满足现代人的需求又不损害后代人满足需求的能力。换句话说，就是指经济、社会、资源和环境保护协调发展，它们是一个密不可分的系统，既要达到发展经济的目的，又要保护好人类赖以生存的大气、淡水、海洋、土地和森林等自然资源和环境，使子孙后代能够永续发展和安居乐业。

可持续发展往往用于解释这样一种愿望，即现有经济增长不能以损益为代价，也就是说为了提高生活水平，必须发展经济，但发展改变了生态系统，进而导致了人类赖以生存的大气、陆地和水生系统的变化。所以可持续发展是自然与人类活动相互作用形成的净收益。海岸带综合管理是举世公认的可持续发展的框架。海岸带综合管理的实践活动不仅考虑当地需求和国际公约，而且涵盖可持续发展的三大支柱：社会公平、环境保护和经济发展。

在 PEMSEA 推广的海岸带可持续发展框架中，可持续发展层面包含五个主要方面：灾害控制，生境保护，水资源，食品安全和污染控制。

（1）自然或人为灾害的控制与管理：地区性的常见灾害，例如地震、台风、风暴潮、洪水、海平面上升、赤潮、溢油以及化学品泄漏等。识别、描述这些灾害发生的可能性、造成的伤害、潜在风险和后果，以及对海岸带生态系统健康以及人类生存的影响。

（2）生境的保护、修复和管理：生境管理和修复计划，包括特定生境诸如珊瑚、红树林和其他类湿地等的保护和恢复项目。

（3）水资源管理：水资源的可持续利用对公众至关重要。适当的水资源管理计划对潜在水资源短缺的城镇地区尤为必要。通过适度用水计划、税收调节、水资源再分配、回收再利用、水源地保护等，确保居民用水量和水质安全。

（4）食品安全和替代生计：河流和近岸海域的渔业可持续供给计划，或其他的流域（海域）可持续发展管理方案，都会给渔业资源带来可观的产出和回报。替代生计的管理也是保护渔业资源过度消耗的方案，例如发展滨海旅游、海上油气田、船运以及远洋货运等。

（5）污染和垃圾管理：污染减控和垃圾管理是每一个城市在保护空气、土地、水源和能耗方面面临的环境问题。基于可持续发展的管理方案包括污染物来源的判定、提倡文明的生活方式、政策和法律的宣传、市场化回收方式和处理设施、公众意识的强化等。

结合地区实际，在本文指标体系中，我们对 PEMSEA 提出的 2 个层面、11 个方面的分组做了一些调整。管治层面分为政策与法规、战略与规划、机构与体制、财政保障、管理能力建设和公众参与 6 个方面，海岸带可持续发展层面分为社会经济可持续能力、环境保障能力、资源可持续利用能力和防灾减灾 4 个方面。

3.3.3　评估指标的选取原则和分类

指标这个词源自拉丁语“indicare”，其含义是指出、宣布、通知、决定和估计。广义上说，指标是能用来描述现状，测量参数随时间的变化或趋势的定量和定性说明，或是测量到的和观测到的要素。在海岸带状况报告中，指标用来反映社会经济压力下海岸带区域的环境现状和变化趋势，以及人类活动和生态健康的关系（Duda, 2002）。

在很大程度上，制定指标的目的是为监测和评估业务绩效，通过指标设计，达到提高意识、更新知识和调整思路的目的。要成为海岸带综合管理的强有力手段，指标必须能够衡量项目、计划或者政策的影响力。其次，指标必须能够准确的描述海岸带和海洋环境状态的变化、社会经济压力的趋势。如果用于评估海岸带项目的效能，指标可以为行动规划提供反馈，并为后续行动提供参考，从而为海岸带综合管理未来立项和投资的论证起到作用。

最近，关于海岸带指标的建立及应用的文献和实践措施方面，已经开展了许多综述（Chua, 1998; Olsen et al, 1999; JOC, 2003; Olsen, 2003; IMCAM Online discussion on Indicators, 2003; AID Environment et al, 2004; IOC, 2005），最广泛的认识就是，指标在为管理者、利益相关者和社区提供直观信息等方面具有明显的优势。指标在海岸带综合管理中的应用还包括：

◆ 监测与预期相反的海洋生态系统的关键组成、结构和功能特征；

◆ 监测人类行动对沿海和海洋环境、生态系统状况和健康的长期积累影响，以及主要动力和压力的发展趋势；

◆ 指导自适性管理；

◆ 跟踪海洋综合管理计划实施的进展，包括该计划的效率、效果和适应性调整。

由此可见，指标的三大主要功能是简化交流、定量化和可评价。为了掌握海岸带综合管理的实际情况，能够更加客观、全面、科学的衡量海岸带状况的变化趋势，在进行海岸带状况评价与报告的编制过程中，需要科学合理地选择有代表性的评价指标。大致而言，指标的选取原则如下。

◆ 易测量性：指标涉及的参数应能够容易的得到数据，以便产生时间序列、进行对比。

◆ 高性价比：指标的数据应是性价比高的，因为作为长期的计划，从成本上控制，避免高额预算产生。

◆ 具体性：选择可直接观测和可度量的指标、而不是抽象的指标，因为这些指标更容易被理解和接受。

◆ 科普性：指标应以公认的科学理论为依据，而不是尚未证明的假设。

◆ 可评价性：海岸带状况报告所选择的指标可以是定性，也可以是定量的指标，但要充分考虑尽可能简化指标体系，所涉及的资料与数据比较容易得到和计算，只有这样才能开展评价。

◆ 响应敏感性：指标应能够量度管理行动的效果，且对被测量的特征参数变化敏感，以便快速而可靠的提供管理行动效果的反馈。

◆ 独立性：各指标间需要相对独立，尽量选择相互间干扰与影响较小的指标，以免形成较大的评价偏差。

在海岸带状况报告体系中，评价指标分为通用指标（General Indicators）和辅助指标（Subsidiary Indicators）两类。

通用指标指那些反映社会经济、环境资源和管理工作中基本的、普遍适用的指标，如 GDP、就业率和海水水质等，这些指标在所有地区的海岸带状况报告中都必然涉及。辅助指标指特定的海岸带区域有代表性的、不同于其他项目区的指标，譬如设立自然保护区、特殊生境（红树林、珊瑚、湿地）的保护与修复等。本文的指标体系在 PEMSEA 总结的基础上有所改进，选择了 32 个指标，其中 27 个为通用指标，5 个辅助指标。

本次海岸带状况报告体系的通用指标有：地方性政策法规；执法能力；区域发展战略与规划；地方政府的管理规划；海岸带综合管理机构；协调体制的建设；管理经费；可持续财政来源；硬件建设；软件建设；公众意识；利益相关者的参与；

人口密度与经济密度；海洋产业占 GDP 比重；民生投入；环境监测体系；入海污染物总量；近岸海域水质；海岸带环境管理措施；企业环保投入占 GDP 比重；可用海域资源；可用岸线资源；水产品供应量；海岸带资源管理措施；海岸带的风险管理意识；灾害造成的社会经济损失；防灾减灾措施与能力。

辅助指标包括下列 5 种：底栖类生物多样性；近岸海域石油类指数；可再生能源比重；天然湿地面积；保护区网络的建设与管理。其中底栖类生物是淤泥质河口潮滩生态系统中生活周期长、场所相对固定而且对水体的变化比较敏感的一类水生生物群体，其多样性指标经常被用于指示生态系统的健康程度，对于非淤泥类或底栖生物种类较少的水体不适用；近岸海域石油类指数是针对东营这座石油城特别设计的指标，旨在反映石油生产对沿岸海域是否造成污染；可再生能源比重也是基于传统上东营油气行业为主的特点而选择的指标，如何推动绿色、再生能源产业的发展，减少对石油、天然气等不可再生能源的依赖，是建设集约、低碳、生态城市的重要课题；天然湿地面积是为保护东营既有的三角洲湿地而言，对于其他项目区并非必选；而东营市拥有的六处国家级自然保护区、一处省级自然保护区更是得天独厚的生物资源和自然馈赠，对保护区网络的建设和管理，如何做到高效率、低消耗，是东营市政府和相关部门需要额外关注的一个问题。

通用指标结合 PEMSEA 多年的经验总结，既考虑社会经济、文化、生态环境和管理方面普适性强、关注率高的问题，又可以在横向（不同项目区）和纵向（不同时期）形成对比，成为海岸带状况评价体系中的核心部分；辅助指标考虑当地实际，突出地域特点，可以灵活的为各项目区管理者、利益相关者和民众展示具有地方特色的指标，成为通用指标基础上有机的补充。

3.3.4 层次分析法在指标体系的应用

考虑到海岸带状况指标体系很多都是难以定量的参数，本文的指标体系采用层次分析法（Analytic Hierarchy Process, AHP），即将决策总是有关的元素分解成目标、准则、方案等层次，在此基础之上进行定性和定量分析的决策方法，是一种层次权重决策分析方法。在 32 个指标体系中，采用了 3 层次设计，即评价目标层、项目层与指标层（图 3.5）。

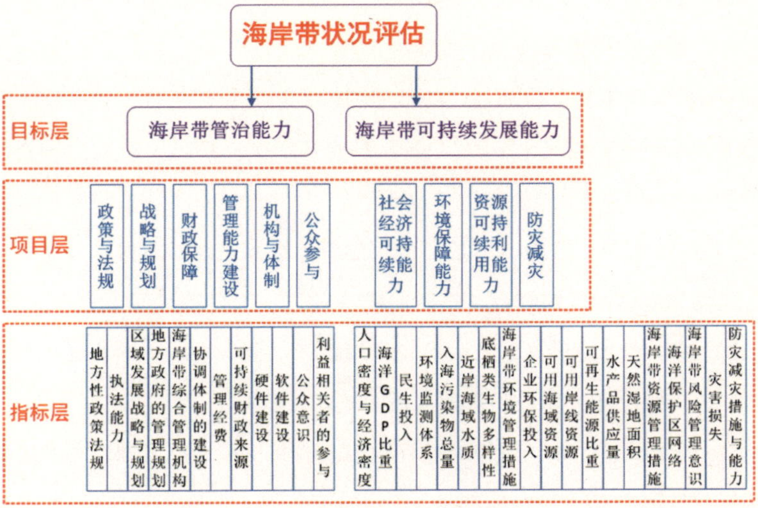

图 3.5 海岸带状况评估指标层次图

第 1 层是评价目标层（Objective）。结合 PEMSEA 对海岸带可持续发展框架的分析，目标层包括海岸带管治和海岸带可持续发展两个层面。

（1）海岸带管治。海岸带管治既反映了海岸带综合管理的行动措施，也反映了海岸带综合管理的能力。因此，在该范围内现有的或规划的管理活动都是海岸带状况报告中的重要内容。

（2）海岸带可持续发展。海岸带可持续发展能力既是海岸带当前状态的反映，也是海岸带综合管理的终极管理目标。因此，它是海岸带状况报告中的评价重点。

第 2 层是评价项目层（Item）。即每一个评价目标主要包括哪些具体的评价项目。本报告中，海岸带管治的评价主要包括了政策与法规等 6 个评价项目，而海岸带可持续发展则包含了社会经济可持续能力等 4 个评价项目。这些评价项目的内涵分别介绍如下。

（一）海岸带管治

（1）政策与法规：实施海岸带管理需要相关政策与法规的支持，还需要一定的执法能力作保障。

（2）战略与规划：区域或当地长期或者短期的发展战略和行动计划，旨在治理污染、修复生境或发展海岸带经济。

（3）机构与体制：跨部门、跨行业和跨地域的管理工作，以及诸多利益相关方的意见咨询和海岸带可持续发展策略的实际执行都需要有效的沟通与协作机制。

（4）财政保障：政府、市场和民间的资金投入机制，对保护资源和环保基础设施建设等提供持续的财政支持和保障。

（5）管理能力建设：地方政府在海岸带管理执行过程中的软硬件建设。包括环境监控、执法能力建设和管理人员的培训计划等。

（6）公众参与：海岸带管理过程中公众的参与程度以及利益相关者意见反馈和决策参与的渠道。

（二）海岸带可持续发展

（1）社会经济可持续能力：包括人口密度与经济密度，海洋产业对GDP的贡献率和政府对民生的投入等。

（2）环境保障能力：包括环境监测体系、污染物输入量、海水水质和底栖类生物多样性的变化及企业对环保设施的开发和投入等。

（3）资源可持续利用能力：包括海域和海岸线的开发程度、可再生能源的发展、水产品的供应量、湿地面积、海岸带资源管理及保护区建设。

（4）防灾减灾：识别、描述灾害发生的可能性以及对海岸带生态系统健康和人类生存的影响，以及政府对灾害的预防措施与能力。

第3层是评价指标层（Indicator），本报告共选取了32个指标及相应的评价参数，详见表3.1。

表 3.1 海岸带状况报告的评价指标体系表

目标层	准则层	序号	指标层	指标说明	评价参数
海岸带综合管理方面	政策与法规	指标 1	地方性政策法规	反映与海岸带综合管理相关的地方性政策、法令、法规等内容	最新颁布的政策、法规
		指标 2	执法能力	反映海岸带综合管理过程中的执法能力建设与执法情况	海监大队执法能力有无提高
	战略与规划	指标 3	区域发展战略与规划	反映国家或地区内海岸带发展的战略性与政策性支撑情况	针对项目区的国家、省级发展战略与规划
		指标 4	地方政府的管理规划	反映地方政府对海岸带综合的、部门交叉的、多学科协调的管理或发展状况	针对项目区的地方性管理策略与发展计划
	机构与机制	指标 5	海岸带综合管理机构	反映海岸带综合管理中的基本协调能力与体制建设情况	地方性海岸带综合管理机构是否正常运作
		指标 6	协调机制的建设	反映海岸带综合管理中是否存在某些能发挥协调作用的机制	海岸带综合管理的协调体制是否有效运转
	财政保障	指标 7	可持续财政来源	说明实施海岸带综合管理的固定财政拨款或其他稳定的经费来源	海岸带综合管理经费的投入情况
		指标 8	其他管理经费	实施海岸带项目或其他的临时性经费来源	有无未来一段时期的海岸带综合管理的财政支持
	管理能力建设	指标 9	硬件建设	海岸带综合管理措施需要硬件条件和保障	管理设施的更新、技术指标的提高
		指标 10	软件建设	反映实施海岸带综合管理的人员培训、人才储备、技术、标准等软能力建设	管理人员的培训体制、管理技能的提高、参与国际交流的情况
	公众参与	指标 11	公众意识	反映海岸带综合管理中公众意识与公众参与的情况	宣传教育活动的开展、公众意识的提高
		指标 12	利益相关者的参与	反映政府的管理对利益相关者的重视，以及公众参与海岸带管理的情况	利益相关者参与海岸带管理的渠道、方式和效果
海岸带可持续发展方面	社会经济可持续能力	指标 13	人口密度与经济密度	表征了单位岸线的人口和 GDP，反映区域内的经济活动效率和空间资源利用的密集程度	单位海岸线长度的人口与 GDP 情况
		指标 14	海洋产业占 GDP 比重	表征了主要海洋产业的重要性及发展情况	海洋产业产值与 GDP 的比值
		指标 15	民生投入	说明了政府在发展社会可持续性上的投入，反映社会发展的可持续能力	民生问题的投入与 GDP 的比值、就业率、卫生教育及物价水平

续表

目标层	准则层	序号	指标层	指标说明	评价参数
海岸带可持续发展方面	环境保障能力	指标 16	环境监测能力	反映对海岸带生态环境的监测体系建设和监测工作	对海岸带环境指标的监测计划及执行情况
		指标 17	入海污染物总量	说明主要河流、排污口和海上来源的排污，反映海岸带的污染压力和污染物的输入情况	各主要河流的入海污染物之和
		指标 18	近岸海域水环境质量	反映海岸带中水、生物、沉积物的环境质量	较清洁以上海域占近岸海域面积比例（图）
		指标 19	底栖类生物多样性 *	反映海岸带生态系统的健康程度	近岸底栖类生物多样性指数
		指标 20	海岸带环境管理措施	反映在海岸带环境改善上实施的一些专项行动与措施	海岸带环境整治行动的覆盖范围及开展效果
		指标 21	工业环保投入占 GDP 比重	说明工业污染与废水治理投入，反映为减少污染、改善环境方面的企业投入	企业对环保设施的投入与 GDP 的比值
		指标 22	海岸带石油类污染指数 *	反映东营市油气开采业对海岸带环境形成的影响	近岸水域石油类含量与标准之比值
	资源可持续利用能力	指标 23	可用海域资源	说明了潜在的滩涂和浅海的可利用能力	可用海域资源占总资源量的比例
		指标 24	可用岸线资源	表征海岸线资源的可利用潜力以及公众的亲海空间	实测或卫星显示当地海岸线长度
		指标 25	可再生能源比重 *	反映海岸带可持续发展中的能源利用情况	可再生能源产业产能与总能源消耗的比值
		指标 26	水产品产量	反映海产食物的可持续供给能力	水产品产量、产值等
		指标 27	天然湿地面积 *	反映东营市海岸带生态系统服务功能的持续能力	黄河三角洲天然湿地面积的比重
		指标 28	海岸带资源管理措施	反映在改善海岸带资源可持续利用方面的专项措施与行动	海岸带资源管理计划的规划及实施情况
		指标 29	保护区网络的建设与管理 *	对典型海洋生态系统、重要生境与重要物种等海洋保护区建设与管理的能力	对保护区网络的建设及维护、生境与物种的恢复情况
	防灾减灾	指标 30	海岸带的风险管理能力	说明对海岸带灾害的认识程度与风险意识	海岸带基本数据的更新、风险评估的开展
		指标 31	防灾减灾措施	反映对海岸带灾害的防御能力	海岸带区域自然或人为灾害的社会经济损失
		指标 32	灾害造成的社会经济损失统计	表征海岸带灾害的强度	政府对防灾减灾的投入与减灾效果

*** 此指标为辅助指标。**

3.3.5 海岸带状况报告的编制过程与步骤

海岸带状况报告的编制过程大体上可以分为 6 个步骤（图 3.6），每个步骤介绍如下：

（1）明确报告编制的必要性。在实施海岸带综合管理一定时期以后，有必要开展海岸带状况评估，以便了解和掌握目前海岸带综合管理的效果与问题；明确海岸带状况报告的目的和涵盖范围、识别利益相关者，并成立综合学科背景的研究小组。

（2）评价指标的确定。需要在管理者、研究人员和公众间进行调研，确定适用于当地的海岸带状况评价指标体系。评价指标还需要特别关注每个区域的特殊的问题与热点（即辅助指标）。指标的选取过程需要反复多次调研并讨论，既要反映综合管理的进展，又要涵盖公众和利益相关者关注的问题，还要具有科学性。

（3）数据的收集与甄别。针对指标体系收集所需要的资料和数据，并核准所搜集数据的可靠性。

（4）报告的编制。利用收集到的数据，对每个评价指标进行趋势评价并有机整合、汇总成海岸带状况报告。

（5）报告结果的公示与讨论。针对海岸带状况报告的评价结果，在利益相关者中进行讨论、核实和修订，并形成海岸带综合管理计划的改进建议。

（6）对海岸带综合管理计划的改进。针对海岸带状况报告的评价结果，并依据利益相关者的建议，适当地对海岸带综合管理计划的目标或执行方案做出改进，作为下一步管理措施和行动的依据。

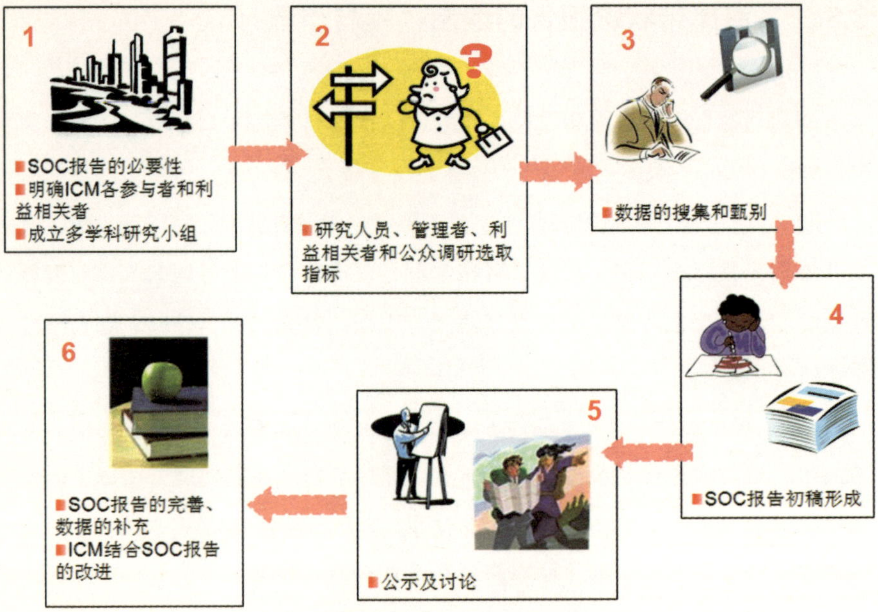

图 3.6 海岸带状况报告的编写过程

3.3.6 评估结果的判断标准

根据 PEMSEA 的建议，海岸带状况报告中需要对每个指标的变化趋势做出评价。依据各指标的变化趋势，设计了 4 种可能，并用较为直观的图例表示这些判断标准。

表 3.2 指标评价结果分类

序号	判断标准	判断结果	图例
1	评价指标在目前的状态较基准状态对比趋向改善	指标改善	
2	评价指标在目前的状态较基准状态对比无变化	指标保持原有状态	
3	评价指标的当前数据未知或基线数据未知而造成无法判断变化趋势	无法判断	—
4	评价指标在目前的状态较基准状态对比趋向恶化	指标恶化	

3.4 指标详细说明

在海岸带状况评估过程中，每个指标的内涵及数据需要各有不同。在此就海岸带管治方面与可持续发展方面的32个指标内涵、所需数据、相关问题等说明如下。

3.4.1 评价目标层：海岸带管治方面

评价项目	政策与法规
指标名称	**1. 地方性政策法规**
指标说明	与海岸带综合管理相关的地方性法令、法规
指标内涵	与海岸带相关的法规规定了哪些是沿岸地区和海域的利益相关者和管理者要求的、允许的或禁止的
所需数据	最新颁布的政策和法规
引导问题	1. 政策与法规的制定是否咨询了利益相关者的意见？ 2. 政策或法规是否被当地政府采纳？ 3. 有无监测或评价执行效果的机制
数据来源	项目区当地政府最新颁布的与海岸带综合管理相关的政策、法规
评价项目	政策与法规
指标名称	**2. 执法能力**
指标说明	海岸带综合执法能力建设情况
指标内涵	随着海洋管理信息化水平的不断提高和完善，海监大队作为海洋行政执法的主要力量，其执法能力备受关注
所需数据	近年对海监大队硬件和软件装备的提升情况，以及实际执法力度和效果
引导问题	1. 硬件的配套有无增强海监大队的执法效率？ 2. 软件的更新与升级能否满足执法需求
数据来源	近年海洋执法硬件和软件装备的配置情况，以及执法效率的提高程度（事例）

评价项目	战略与规划
指标名称	**3. 区域发展战略与规划**
指标说明	国家或地区对海岸带发展的战略性与政策性支撑
指标内涵	反映有关部门以综合的、部门交叉的多学科方式管理沿岸地区和海域的能力。有了区域发展战略与规划，基于可持续发展的海岸带综合管理就有了政策的保障和可持续的财政支持
所需数据	国家、省级海岸带经济或资源、环境发展战略与建设规划
引导问题	1. 区域性战略、规划是否覆盖整个项目区？ 2. 实施时间各是多久？ 3. 有无监测或评价执行效果的机制
数据来源	针对项目区的国家、省级发展战略与规划

评价项目	战略与规划
指标名称	**4. 地方政府的管理规划**
指标说明	地方政府对海岸带综合管理的整体思路与发展设计
指标内涵	通过经济、社会和环境政策综合管理规划，确保沿岸地区保护和开发的可持续性
所需数据	针对项目区的地方性管理策略与发展计划
引导问题	1. 是否覆盖整个项目区、实施时间各是多久？ 2. 立项阶段有无咨询利益相关者的意见？ 3. 实施的效果有无评价机制
数据来源	针对项目区的地方性管理策略与发展计划

评价项目	机构与体制
指标名称	**5. 海岸带综合管理机构**
指标说明	海岸带综合管理机构的设置及有效运作
指标内涵	协调机构是实施 ICM 的核心和基本特征，该机构的设置并发挥作用可确保利益相关者的权益，促进海岸带和海域的个利益相关者行动的协调一致
所需数据	地方性海岸带综合管理机构是否正常运作
引导问题	1. 海岸带综合管理机构是否常规存在？ 2. 该机构的运作是否有效？列举具体事例。 3. 该机构的存在与利益相关者的关系？
数据来源	地方性海岸带综合管理机构的设置及正常运作

评价项目	机构与体制
指标名称	**6. 协调体制的建设**
指标说明	海岸带综合管理中的协调能力
指标内涵	建立协调体制的目的是协调机构之间相互重叠的职责、协调利益相关者的各种利益、整合政策和管理
所需数据	海岸带综合管理的协调体制是否有效运转、具体事例
引导问题	1. 海岸带综合管理中的协调体制是否长期存在？ 2. 该体制发挥作用的事例
数据来源	海岸带综合管理的协调体制的运作方式、具体事例

评价项目	财政保障
指标名称	**7. 管理经费**
指标说明	海岸带综合管理措施过程中的财政保障与支撑投入
指标内涵	管理经费是管理措施能够顺利实施的保障
所需数据	海岸带综合管理经费的投入情况
引导问题	1. 海岸带综合管理的经费是否充足？ 2. 海岸带综合管理的经费来源
数据来源	项目区政府对海岸带综合管理的经费投入情况

评价项目	财政保障
指标名称	**8. 可持续财政来源**
指标说明	实施海岸带综合管理的财政来源
指标内涵	要保证可持续发展，必须有财政的大力支持，以取得可持续发展的外部环境
所需数据	未来一段时期是否能够得到海岸带综合管理的财政支持
引导问题	1. 目前用于海岸带综合管理的财政支持是否足够？ 2. 未来一段时期内财政支持是否有持续稳定的来源？ 3. 可持续的财政支持对于海岸带综合管理的发展是否能提供足够的支撑
数据来源	未来一段时期用于海岸带综合管理的财政拨款和预算等

评价项目	管理能力建设
指标名称	**9. 硬件建设**
指标说明	海岸带综合管理实施中硬件条件的保障
指标内涵	海岸带综合管理需要对必要的设备进行购置、维护或更新
所需数据	管理设施的更新或技术指标的提高
引导问题	1. 现有硬件设施能否满足海岸带综合管理的需求？ 2. 有无硬件购置或更新计划？ 3. 对硬件设施的维护或升级计划有无财政保障
数据来源	当地政府对管理设备的购置、维护、更新行动或计划

评价项目	管理能力建设
指标名称	**10. 软件建设**
指标说明	实施海岸带综合管理的人员培训、人才储备、国际交流等软能力建设
指标内涵	包括管理人员培训、人才储备、国际交流等
所需数据	近年对海岸带综合管理的人员培训．人才储备．国际交流等的投入和效果
引导问题	1. 海岸带综合管理的人员培训、人才储备、国际交流等具体事例？ 2. 软能力的建设能否满足执法需求
数据来源	管理人员的培训体制、管理技能的提高、参与国际交流的情况

评价项目	公众参与
指标名称	**11. 公众意识**
指标说明	海岸带综合管理中公众意识培养与公众参与的情况
指标内涵	公众的环保意识不强，参与度低，使环境政策实施的成本相对提高。如何提高公众的环保意识，引导公众主动参与环保行动，是管理者所面临的一个重要问题
所需数据	宣传教育活动的开展、公众意识的提高
引导问题	1. 管理部门开展了哪些宣传海岸带综合管理的活动？ 2. 公众参与海岸带综合管理的渠道有哪些？ 3. 有无针对公众环保意识的调查
数据来源	宣传教育活动的开展情况、公众意识的调查结果等

评价项目	公众参与
指标名称	**12. 利益相关者的参与**
指标说明	海岸带综合管理对利益相关者的重视，及其参与海岸带管理的情况
指标内涵	利益相关者参与海岸带管理过程，会使他们意识到自己与海岸带的政策、活动密切相关，从而更加主动的参与其中，提高海岸带管理工作的执行效率
所需数据	利益相关者参与海岸带管理的渠道、方式和效果
引导问题	1. 利益相关者参与海岸带管理的渠道有哪些？ 2. 利益相关者参与海岸带管理的效果怎样？具体事例有哪些
数据来源	近年海岸带管理中利益相关者参与的情况

3.4.2 评价目标层：海岸带可持续发展方面

评价项目	社会经济可持续能力
指标名称	**13. 人口密度与经济密度**
指标说明	表征了单位海岸带区域内的经济活动效率和空间资源利用的密集程度
指标内涵	密度经济是指国内生产总值与区域面积之比，它表征了城市单位面积上经济活动的效率和土地利用的密集程度
所需数据	每公里海岸线上人口数和国内生产总值（GDP）
引导问题	1. 人口密度的增长速度 2. 经济密度的增长速度
数据来源	当地人口数量、GDP 数据，以及海岸线长度

评价项目	社会经济可持续能力
指标名称	**14. 海洋产业占 GDP 比重**
指标说明	海洋产业产值占 GDP 的比重
指标内涵	海洋产业的重要性及发展情况
所需数据	海洋产业产值与 GDP 的比值
引导问题	1. 海洋产业占 GDP 的比重是否增长？ 2. 海洋产业对 GDP 的贡献增加主要原因是什么
数据来源	近年项目区海洋产业产值以及 GDP 数据

评价项目	社会经济可持续能力
指标名称	**15. 民生投入**
指标说明	政府在发展社会可持续性上的投入，反映社会发展的可持续能力
指标内涵	不仅是构建和谐社会的关键，也是政府工作的基本着力点
所需数据	民生问题的投入与 GDP 的比值、就业率、卫生教育及物价水平
引导问题	1. 公众主要关注民生问题的哪些方面？ 2. 政府对民生问题的投入是否与社会发展相符
数据来源	项目区政府民生投入与 GDP 比值、就业、卫生教育及物价水平

评价项目	环境保障能力
指标名称	**16. 环境监测体系**
指标说明	对海岸带生态环境的监测能力
指标内涵	有必要对近岸流域、入海排污口和近岸海域进行常规的环境监测，对环境敏感区域还应进行加密监测
所需数据	对海岸带环境指标的监测计划及执行情况
引导问题	1. 管理部门对海岸带生态环境有哪些监测计划？ 2. 对近岸流域有无常规监测计划？ 3. 数据共享或交流机制
数据来源	项目区政府对海岸带环境指标的监测计划及执行情况

评价项目	环境保障能力
指标名称	**17. 入海污染物总量**
指标说明	海岸带的污染压力和污染物的输入情况
指标内涵	指随径流携带的污染物入海通量
所需数据	主要河流入海口的常规监测数据
引导问题	1. 主要河流入海口实施的常规监测结果是否有可比性？ 2. 数据的共享
数据来源	主要河流入海口的常规监测数据，如流量、污染物浓度、监测时间

评价项目	环境保障能力
指标名称	**18. 近岸海域水质**
指标说明	近岸海域水体部分的质量
指标内涵	有必要对近岸流域、入海排污口和近岸海域进行常规的环境监测，对环境敏感区域还应进行加密监测
所需数据	水质是海洋生态系统健康的关键组成部分
引导问题	1. 污染海域面积有无扩大？ 2. 污染程度是否加重？ 3. 有无新的敏感区域出现在污染海域中
数据来源	当地政府最新颁布的海洋环境质量公报或水质调查报告

评价项目	环境保障能力
指标名称	**19. 底栖类生物多样性 ***
指标说明	反映海岸带生态系统的健康程度
指标内涵	该指标常用于指示淤泥质河口潮滩生态系统的健康程度
所需数据	近岸底栖类生物多样性指数
引导问题	1. 选择哪种生物多样性指数指示近岸海域生态系统健康情况？ 2. 该指数近年的变化如何
数据来源	出海调查数据、有关文献等

*** 此指标为辅助指标。**

评价项目	环境保障能力
指标名称	**20. 海岸带环境管理措施**
指标说明	在海岸带环境改善上实施的专项行动与措施
指标内涵	实施环境管理措施，以净化入海水质、改善海洋环境质量
所需数据	海岸带环境整治行动的覆盖范围及开展效果
引导问题	1. 有哪些海岸带环境整治行动、时间区段及覆盖地域范围？ 2. 有无监测或评价执行效果的机制
数据来源	当地政府最新颁布的海岸带环境管理相关的措施或行动方案

评价项目	环境保障能力
指标名称	**21. 企业环保投入占 GDP 比重**
指标说明	工业企业为减少污染、改善环境方面所作的投资
指标内涵	本指标统计工业项目环保投资和废水治理的投资度占当年 GDP 的比重，反映工业企业在环保方面的投资能力和政府的督导力度
所需数据	企业对环保设施的投入与 GDP 的比值
引导问题	1. 企业对环保设施的投入情况？ 2. 当年 GDP 数值
数据来源	近年企业对环保设施的投资情况及当年 GDP 数据

评价项目	环境保障能力
指标名称	**22. 近岸海域石油类指数 ***
指标说明	当地油气开采业对海岸带环境形成的影响
指标内涵	东营作为因油而生的城市，其富集油气的地质特点决定了土壤和海底底质会释放石油类污染物进入地表水或海水中，从而增加近岸海域被石油污染的风险
所需数据	近岸海水和沉积物中石油类的含量和标准值
引导问题	1. 有无重大溢油事故发生？ 2. 石油类基线评价结果
数据来源	近岸海水和沉积物中石油类的含量和标准值的比值

*** 此指标为辅助指标。**

评价项目	资源可持续利用能力
指标名称	**23. 可用海域资源**
指标说明	说明了潜在的滩涂和浅海的可利用能力
指标内涵	滩涂和浅海的开发情况
所需数据	滩涂和浅海的开发面积
引导问题	1. 滩涂和浅海的开发有无相关法令制度? 2. 开发效率如何
数据来源	可用海域资源占总资源量的比例

评价项目	资源可持续利用能力
指标名称	**24. 可用岸线资源**
指标说明	表征了海岸线资源的可利用潜力
指标内涵	黄河水冲淤造陆作用会产生新的海岸线资源
所需数据	可用岸线资源的变化
引导问题	1. 可用岸线资源是多少? 2. 数据更新频率
数据来源	实测或卫星显示当地海岸线长度

评价项目	资源可持续利用能力
指标名称	**25. 可再生能源比重 ***
指标说明	海岸带可持续发展中的能源利用情况
指标内涵	如何推动绿色、再生能源产业的发展，减少对石油、天然气等不可再生能源的依赖，是建设集约、低碳、生态城市的重要课题
所需数据	可再生能源产业产能与总能源消耗的比值
引导问题	1. 可再生能源产业有哪些? 2. 可再生能源产业产能多少
数据来源	可再生能源产业产能量与总能源消耗量

*** 此指标为辅助指标。**

评价项目	资源可持续利用能力
指标名称	**26. 水产品供应量**
指标说明	水产品的可持续供给能力
指标内涵	渔业可持续开发受到威胁的情况下，此指标关注当地水产品供应量的变化
所需数据	水产品产量、产值等
引导问题	1. 当地水产品产量是否满足民众需求？ 2. 经济品种产量有无增加
数据来源	当地水产品产量、产值等

评价项目	资源可持续利用能力
指标名称	**27. 天然湿地面积 ***
指标说明	海岸带生态系统服务功能的持续能力
指标内涵	三角洲的蚀退和淤进直接影响湿地水禽的生境，保护三角洲湿地对于维护鸟类生物多样性和保护水生生物资源都有重要意义
所需数据	天然湿地占现代黄河三角洲湿地景观总面积的比例
引导问题	1. 从文献或卫星得到的天然湿地面积有无下降？ 2. 天然湿地占现代黄河三角洲湿地景观总面积的比例有无减少
数据来源	现代黄河三角洲湿地景观总面积以及文献或卫星数据提取天然湿地面积

*** 此指标为辅助指标。**

评价项目	资源可持续利用能力
指标名称	**28. 海岸带资源管理措施**
指标说明	海岸带资源可持续利用方面的专项措施与行动
指标内涵	本指标关注海岸带资源修复等管理措施的实施情况
所需数据	海岸带资源可持续利用方面的专项措施与行动方案
引导问题	1. 海岸带资源管理措施有哪些？ 2. 这些措施实施效果如何？ 3. 有无监测或评价执行效果的机制
数据来源	当地政府最新颁布的海岸带资源管理措施

评价项目	资源可持续利用能力
指标名称	**29. 保护区网络的建设与管理 ***
指标说明	对重要生境与重要物种提供保护的能力
指标内涵	对保护区网络的建设和管理，如何做到高效率、低能耗，是当地政府和相关部门需要额外关注的一个问题
所需数据	保护区网络的建设与管理投入及效果
引导问题	1. 保护区网络的建设与管理有哪些投入？ 2. 建设与管理的效果如何，譬如物种的丰富，生境的修复等
数据来源	保护区网络的建设与管理投入资金、机制建设及成效方面的介绍

*** 此指标为辅助指标。**

评价项目	防灾减灾
指标名称	**30. 海岸带的风险管理意识**
指标说明	对海岸带灾害的认识程度与风险意识
指标内涵	对海岸带基本情况及经常发生的灾害或面临的其他风险进行常规性监测或统计，形成风险评估报告等
所需数据	海岸带基本数据、风险评估报告
引导问题	1. 海岸带基本数据多久更新一次？ 2. 有无海岸带风险评估报告？ 3. 海岸带基本数据和海岸带风险评估报告是否对公众公开
数据来源	当地政府最新的海岸带基本数据更新和风险评估机制等
评价项目	防灾减灾
指标名称	**31. 灾害造成的社会经济损失**
指标说明	表征了海岸带灾害的强度
指标内涵	对自然或者人为造成的海岸带区域灾害的描述及强度统计
所需数据	海岸带区域自然或人为灾害的社会经济损失统计
引导问题	1. 近年有哪些海岸带区域自然或人为的灾害？ 2. 这些灾害造成的损失为多少
数据来源	海岸带区域自然或人为灾害的社会经济损失数目
评价项目	防灾减灾
指标名称	**32. 防灾减灾措施与能力**
指标说明	反映对海岸带灾害的防御能力
指标内涵	政府有必要通过各种途径提高基础设施的综合减灾能力，最大限度地减轻自然灾害的损失
所需数据	政府对防灾减灾的投入与减灾效果
引导问题	1. 政府对防灾减灾的投入有哪些方面？ 2. 这些投入带来的防灾减灾效果，举例说明 3. 有无后续的防灾减灾计划
数据来源	当地政府对防灾减灾的投入与预期效果

3.5 小结

3.5.1 海岸带状况报告编制过程的困难与挑战

（1）评估项目层的确定。在确立海岸带状况报告系统时，首先遇到的问题是如何确定评估的项目层。根据 PEMSEA 的建议，评估项目层分为 11 组，但针对当地实际，该种分组在实际上并不可行，数据搜集难度也较大。因此海岸带管治的评价保留了政策与法规等 6 个评价项目，而海岸带可持续发展则包含了社会经济可持续能力等 4 个评价项目。这样的分组既考虑当地管理工作的实际，又能够保证数据的可得性。

（2）指标的选择。PEMSEA 建议的 35 个核心指标并不完全符合中国国情。由于体制和分工的不同，我们采纳了 25 个指标作为通用指标，另外补充 2 个通用指标、5 个辅助指标，因此，共有 10 个评价方面、32 个指标应用于目前的评估系统中。

（3）数据的搜集。由于海岸带状况报告属于跨行业、跨部门的综合报告，数据的搜集和评价结果的核实成为最为繁琐和细致的工作。技术人员从若干二手资料中识别有效的数据，协调相关部门提供最新资料，就得到的变化趋势咨询利益相关者等，争取对每个数据能够做到有据可循。

（4）技术上的挑战。海岸带状况评估与报告系统对于国内来说尚属初步的应用阶段，对于该报告系统蕴含科学问题的理解、对于实际工作的指导，尚需进一步摸索与更新。

3.5.2 未来展望

（1）海岸带状况报告的指标体系不是固定的，随着社会发展，必将会有新的指标加入进来，而那些基本达到稳定的指标就可以忽略不计。指标与海岸带综合发展的阶段密切相关。

（2）海岸带状况报告不是一蹴而就的，而是一种不断循环更新的体系，以目前的管理状况，更新周期为三年较为合适。每一部新的报告产生，必然对目前和下一步的管理计划产生调整要求，因此让海岸带状况报告发挥链条作用是海岸带管理人员更深一步的任务。

（3）海岸带综合管理认证是海岸带状况评估与报告系统在应用中的发展方向之一。通过认证程序，可以避免污染防治项目的重复设置、强化公众对于环境的主人公意识、增强地方政府在管理上的协调一致性、吸引投资等，必然对海岸带区域的社会经济发展、文化交流和环境保护带来积极的效益。

4. 东营市的海岸带状况评价

4.1 评估指标与数据来源

4.1.1 海岸带状况评价指标

东营市海岸带状况报告的指标体系利用层次分析法，采用了3层次设计，即评价目标层、项目层与指标层（表4.1）。

第1层是评价目标层（Objective）。针对东营市海岸带综合管理的关注重点，本报告主要对东营市海岸带管治和海岸带可持续发展两个方面进行评价。

◆ 海岸带管治。海岸带管治既反映了海岸带综合管理的行动措施，也反映了海岸带综合管理的能力。因此，在该范围内现有的或规划的管理活动都是海岸带状况报告中的重要内容。

◆ 海岸带可持续发展。海岸带可持续发展能力既是海岸带当前状态的反映，也是海岸带综合管理的终极管理目标。因此，它是海岸带状况报告中的主要评价重点。

第2层是评价项目层（Item）。即每一个评价目标主要包括哪些具体的评价项目和类别、组成要素。本报告中，海岸带管治的评价主要包括了政策与法规等6个评价项目，而海岸带可持续发展则包含了社会经济可持续能力等4个评价项目。这些评价项目的内涵分别介绍如下：

（一）海岸带管治

（1）政策与法规：实施海岸带管理需要相关政策与法规的支持，还需要一定的执法能力作保障。

（2）战略与规划：区域或当地长期或者短期的发展战略和行动计划，旨在治理污染、修复生境或发展海岸带经济。

（3）机构与体制：跨部门、跨行业和跨地域的管理工作，以及诸多利益相关方的意见咨询和海岸带可持续发展策略的实际执行都需要有效的沟通与协作机制。

表 4.1 东营市海岸带状况报告评价指标体系

目标层	项目层	序号	指标层	指标说明
海岸带管制方面	政策与法规	指标 1	地方性政策法规	反映与海岸带综合管理相关的地方性法令、法规
		指标 2	执法能力	反映海岸带综合执法情况
	战略与规划	指标 3	区域发展战略与规划	反映国家或区域对东营市海岸带发展的战略性与政策性支撑
		指标 4	地方政府的管理规划	反映地方政府对海岸带综合管理的整体思路与发展设计状况
	机构与机制	指标 5	海岸带综合管理机构	反映海岸带综合管理中的协调能力
		指标 6	协调机制的建设	反映海岸带综合管理中的协调能力
	财政保障	指标 7	可持续财政来源	说明海岸带综合管理措施过程中的保障与支撑投入
		指标 8	其他管理经费	说明实施海岸带综合管理的财政来源
	管理能力建设	指标 9	硬件建设	海岸带综合管理措施需要硬件条件的保障
		指标 10	软件建设	反映实施海岸带综合管理的人员培训、人才储备、国际交流等软能力建设
	公众参与	指标 11	公众意识	反映海岸带综合管理中公众意识与公众参与的情况
		指标 12	利益相关者的参与	反映政府的管理对利益相关者的重视，以及公众参与海岸带管理的情况
海岸带可持续发展方面	社会经济可持续能力	指标 13	人口密度与经济密度	表征了单位海岸带区域内的经济活动效率和空间资源利用的密集程度
		指标 14	海洋产业占 GDP 比重	表征了相关海洋产业的重要性及发展情况
		指标 15	民生投入	说明了政府在发展社会可持续性上的投入，反映社会发展的可持续能力
	环境保障能力	指标 16	环境监测能力	反映对海岸带生态环境的监测能力
		指标 17	入海污染物总量	说明海岸带的污染压力和污染物的输入情况
		指标 18	近岸海域水环境质量	反映海岸带中水体部分的质量
		指标 19	底栖类生物多样性	反映海岸带生态系统的健康程度
		指标 20	海岸带环境管理措施	反映在海岸带环境改善上实施的一些专项行动与措施

续表

目标层	准则层	序号	指标层	指标说明
海岸带可持续发展方面		指标 21	企业环保投入占 GDP 比重	说明工业企业为减少污染、改善环境方面的投入
		指标 22	海岸带石油类污染指数	反映东营市油气开采业对海岸带环境形成的影响
	资源可持续利用能力	指标 23	可用海域资源	说明了潜在的滩涂和浅海的可利用能力
		指标 24	可用岸线资源	表征了海岸线资源的可利用潜力
		指标 25	可再生能源比重	反映了海岸带可持续发展中的能源利用情况
		指标 26	水产品产量	反映了海产食物的可持续供给能力
		指标 27	天然湿地面积	反映了海岸带生态系统服务功能的持续能力
		指标 28	海岸带资源管理措施	反映在改善海岸带资源可持续利用方面的专项措施与行动
		指标 29	保护区网络的建设与管理	对重要生境与重要物种提供的保护能力
	防灾减灾	指标 30	海岸带的风险管理能力	说明了对海岸带灾害的认识程度与风险意识
		指标 31	防灾减灾措施	表征了海岸带灾害的强度
		指标 32	灾害造成的社会经济损失统计	反映了对海岸带灾害的防御能力

（4）财政保障：政府、市场和民间的资金投入机制，对保护资源和环保基础设施建设等提供持续的财政支持和保障。

（5）管理能力建设：地方政府在海岸带管理执行过程中的软硬件建设。包括环境监控、执法能力建设和管理人员的培训计划等。

（6）公众参与：海岸带管理过程中公众的参与程度以及利益相关者意见反馈和决策参与的渠道。

（二）海岸带可持续发展

（1）社会经济可持续能力：包括人口密度与经济密度，海洋产业对GDP的贡献率和政府对民生的投入等。

（2）环境保障能力：包括环境监测体系、污染物输入量、海水水质和生物多样性的变化及企业对环保设施的开发和投入等。

（3）资源可持续利用能力：包括海域和海岸线的开发程度、可再生能源的发展、水产品的供应量、湿地面积、海岸带资源管理及保护区建设。

（4）防灾减灾：识别、描述灾害发生的可能性以及对海岸带生态系统健康和人类生存的影响，以及政府对灾害的预防措施与能力。

第3层是评价指标层（Indicator）。即具体的每一个评价因素与衡量指标，本报告共选取了32个评价指标，以涵盖东营市海岸带的管治情况及海岸带可持续发展能力。

4.1.2　数据来源

本报告中的数据，除特殊说明外均来自《东营统计年鉴（2006）》和《东营统计年鉴（2010）》，拟对比东营市实施海岸带综合管理前（2005年）与海岸带综合管理实施4年后（2009年）的变化。部分其他数据来自东营市海洋与渔业局的资料。

4.2 评估结果

对东营市的海岸带状况的评估汇总如表 4.2 所示，各指标结果分别说明。

表 4.2 东营市海岸带状况报告评价指标

目标	项目	序号	指标	2005 年指标值	2009 年指标值	结果
海岸带管治	政策与法规	指标 1	地方性政策法规	4 部	新增 3 部	
		指标 2	执法能力	无大吨位船只和 GIS 没有应用	海监船、执法系统	
	战略与规划	指标 3	区域发展战略与规划	1 部	新增 5 部	
		指标 4	地方政府的管理规划	1 部	新增 6 部	
	机构与体制	指标 5	海岸带综合管理机构	无	已成立	
		指标 6	协调体制的建设	无	待加强	
	财政保障	指标 7	管理经费	少于 1000 万元	5000 余万元	
		指标 8	可持续财政来源	约 100 万元	超过 130 万元	
	管理能力建设	指标 9	硬件建设	没有动态监测系统	动态监测系统	
		指标 10	软件建设	起步阶段	建立更多国际合作活动	
	公众参与	指标 11	公众意识	较少活动	创建 ICM 东营网站和东亚海东营网站	
		指标 12	利益相关者的参与	仅政府参与	有固定渠道与模式，私人和养殖者代表参与海岸带使用评估	
海岸带可持续发展	社会经济可持续能力	指标 13	人口密度与经济密度	0.437 万人 · 2.78 亿元 / 公里海岸线	0.447 万人 · 4.99 亿元 / 公里海岸线	
		指标 14	海洋产业占 GDP 比重	89.4 亿元，占 GDP7.8%	309.7 亿元，占 GDP15%	
		指标 15	民生投资	基线数值	城市和乡村人口除恩格尔系数均得到改善	

续表

目标	项目	序号	指标	2005 年指标值	2009 年指标值	结果
	环境保障能力	指标 16	环境监测体系	暂无统计	监测全面、设计完整	
		指标 17	入海污染物总量	暂无统计	数据缺失	
		指标 18	近岸海域水质	基线数值	轻微污染和中等水平的污染加剧	
		指标 19	底栖类生物多样性	暂无统计	基线数值	
		指标 20	海岸带环境管理措施	暂无统计	实施城市环境管理规划和增加污水处理的投资	
		指标 21	企业环保投入占 GDP 比重	基线数值	占 GDP 比重均有下降	
		指标 22	近岸海域石油类指数	暂无统计	符合一类水标准	
	资源可持续利用能力	指标 23	可用海域资源	92.4%	86.3%	
		指标 24	可用岸线资源	暂无统计	人工岸线占 63%	
		指标 25	可再生能源比重	无	正在开发	
		指标 26	水产品供应量	产值是 18.9 亿人民币	产值是 32.9 亿人民币	
		指标 27	天然湿地面积	69%	下降了 4%	
		指标 28	海岸带资源管理措施	开始增殖放流、底播增殖等	蟹类和虾类的捕捞产量增加，新分布记录种东方白鹳和黑鹳出现在修复湿地地区	
		指标 29	保护区网络的建设与管理	低水平的海洋保护区管理和评估	2007 年成立黄河口国家自然保护区管理委员会，投资 5200 万进行湿地修复和提高管理成效	
	防灾减灾	指标 30	海岸带的风险管理意识	暂无统计	无详细报告	
		指标 31	灾害造成的社会经济损失	暂无统计	暂无统计	
		指标 32	防灾减灾措施与能力	没有海洋环境监测和预报的计划	2006 年建立海洋环境监测预报中心和赤潮、溢油及风暴潮应急预案并升级监测设备	

指标 1　地方性法令法规

A. 指标内涵

和谐社会，法治先行。法律是管理的基础，政策和规划是管理的依据。与海岸带相关的法规规定了哪些是沿岸地区和海域的利益相关者和管理者要求的、允许的或禁止的。因此法律基础对 ICM 的支持及促进其活动的开展具有重要意义。

B. 变化趋势评述

2002 年《海域使用管理法》颁布实施后，东营市海洋综合管理工作快速走上了法制化轨道，被国家海洋局批准为国家级海域使用管理示范区。近年来，东营市海洋管理工作相关的法规与条例主要有：

1) 《山东省海域使用管理条例》（2004-01）；
2) 《东营市海域使用管理办法》（2004-06）；
3) 《山东省海洋环境保护条例》（2004-12）；
4) 《东营市海域使用申请审批程序》（不详）；
5) 《海洋特别保护区管理暂行办法》（2005-11）；
6) 《东营市海洋渔业资源管理办法》（2007-04）；
7) 《东营市海域使用金征收管理通知》（2008）。

C. 结论与建议

近年来，根据有关法制法规，先后制定完善了《东营市海洋功能区划》等配套制度，实现了一系列管理制度创新。实施海岸带综合管理后，东营市的配套法规越来越完善，全市管海用海做到了有法可依、有章可循。

指标 2　执法能力

A. 指标内涵

随着海洋信息化水平的不断提高和完善，作为海洋行政执法的重要力量——海监的管理逐渐成为人们关注的焦点。在硬件方面，建立一个临海的执法基地将为突发事件的迅速行动提供人员和装备的保障；软件方面，海监信息化管理需要新的信息管理方式。

B. 变化趋势评述

硬件方面：

2010 年 300 吨级海监船即将投入使用，一个为海监执法装备及人员提供临海日常装备的停靠、维护、管理，以及紧急情况下的迅速响应基地正在建设当中。

软件方面：

2009 年，东营市海洋管理部门研制开发了《海洋执法监察管理信息系统》。该系统充分利用现今先进的地理信息系统技术；兼容海监通，实现系统与海监通的互联互通；支持文书打印，解决海监执法文书即时打印的需求；支持展示中心，辅助作战指挥；促使整个海洋行政执法更标准、更规范、更高效。

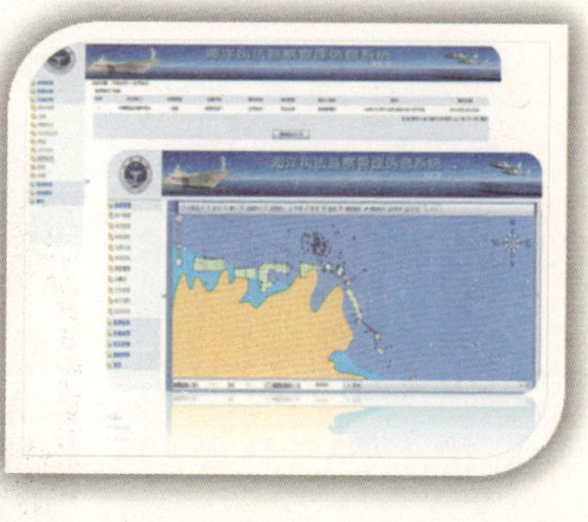

海洋执法监察管理信息系统

C. 结论与建议

近几年，东营市为提升海监执法能力，全面提升了软硬件装备，一个设备精良、反应迅速的海洋执法大队正在形成。

指标 3　区域发展战略与规划

A. 指标内涵

该指标反映有关部门以综合的、部门交叉的多学科方式管理沿岸地区和海域的能力。有了区域发展战略与规划，基于可持续发展的海岸带综合管理就有了政策的保障和可持续的财政支持。

B. 变化趋势评述

凭借得天独厚的资源优势和区位优势，东营市在多个国家和省级海岸带发展规划中占据了重要位置。尤其是加入海岸带综合管理平行示范区之后，有关海域开发和环境保护的专项规划为东营市的海岸带发展提供了强有力的支撑。

1)《黄河三角洲高效生态经济区发展规划》（2009-12）；

2)《山东半岛蓝色经济区东营市海域开发利用专项规划》（2009-09）；

3)《山东半岛蓝色经济区东营市海洋生态环境保护与建设专项规划》（2009-09）；

4)《山东半岛蓝色经济区东营市现代海洋渔业发展专项规划》（2009-09）；

5)《山东省海洋经济“十一五”发展规划》（2006-06）；

6)《山东省碧海行动计划》（2005）。

C. 结论与建议

国家和省级政府的专项发展规划对“生态之城”赋予了新的涵义和希望，东营市的海岸带综合管理将结合这些规划，提高管理效率、确保实施进度、适时调整管理方式，打造具有特色的海岸带发展模式。

“黄三角”的 4 个战略定位

指标 4　地方政府的管理规划

A. 指标内涵

海岸带综合管理要求相关部门以综合的、部门交叉的多学科方式管理沿岸地区和海域。当地政府通过经济、社会和环境政策综合管理规划，确保沿岸地区保护和开发的可持续性。

B. 变化趋势评述

作为对国家和省级规划的补充和细化，同时根据海岸带平行示范区的工作要求，东营市拟定了配套的海岸带管理和发展规划。

1)《东营市海岸带综合管理（ICM）规划》（2009-04）；

2)《东营市海洋功能区划》（2007-04）；

3)《东营市海洋环境保护规划》（2007-04）；

4)《东营市海域使用规划》（2007-04）；

5)《东营市“十一五”海洋与渔业产业发展规划》（2007-04）；

6)《东营市海洋产业发展规划》（2007-04）；

7)《关于发展海洋经济加快“海上东营”建设的意见【东政发〔2003〕22 号】》（2003-09）。

C. 结论与建议

在加入海岸带综合管理平行示范区之后，东营市的海洋区划和海岸带发展规划工作取得了显著的进展，保护与开发并重、环境改善与经济发展并存的工作局面正在形成。

东营市海岸带管理规划

指标 5　海岸带综合管理协调机构

A. 指标内涵

有代表性的、充分发挥作用的协调机构是 ICM 的核心和基本特征，该机构的设置并发挥作用，可确保利益相关者的权益，促进海岸带和海域的各利益相关者行为的协调一致。

B. 变化趋势评述

根据东亚海计划第三期项目要求，为在东营市开展海岸带综合管理，于 2010 年成立了“东营市海岸带综合管理委员会”，并在该委员会框架下设立了本项目的东营市项目管理办公室、公众委员会和地方专家组。2010 年，东营市海岸带综合管理委员会组织开展了《山东省东营市海岸带综合管理规划》的编写工作，该规划将有助于东营市海岸带开发与保护管理工作更加平衡有序得进行，促进东营市海岸带对社会经济发展的支撑能力进一步提高，有效保障生态环境与资源的可持续利用能力。

C. 结论与建议

东营市海岸带综合管理委员会是东营市海洋管理的特色之一，建议经常组织诸如跨部门机构或组织的对话，并调查利益相关方对管理工作的认知程度和满意度，进一步发挥作用。

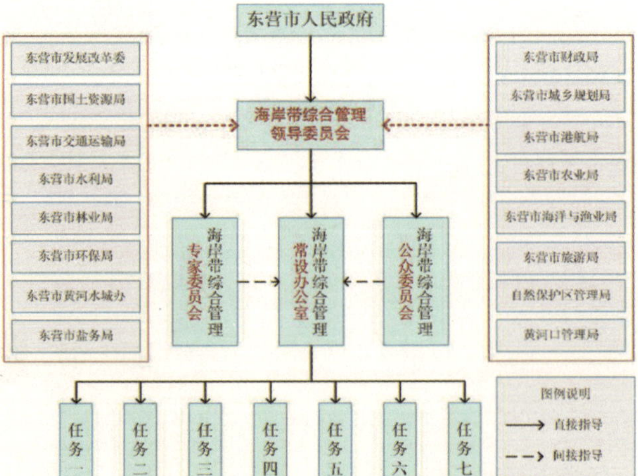

东营市海岸带综合管理委员会设置

指标 6　协调体制的建设

A. 指标内涵

建立协调体制的目的是协调机构之间相互重叠的职责、协调利益相关者的各种利益、整合政策和管理。在海岸带综合管理实施期间，项目协调委员会可能经历多次变化，以有效降低或化解机构间冲突，最终成为永久性机构。

B. 变化趋势评述

2010 年 4 月，东营市政府组织各相关部门建立起了东营市海岸带综合管理委员会，其主要工作内容是：在国家及山东省有关海岸带综合管理的政策和法律指导下，结合东营市的社会和经济发展的中长期战略规划，细化海岸带综合管理的目标、内容、各管理机构的职能和权限、监测和评估的执行计划等，为基层的管理机构和海岸带资源的用户提供政策指导和技术帮助。

由于时间原因，该委员会尚为开展实际的协调工作，这方面的机制有待加强。

C. 结论与建议

东营市海岸带综合管理委员会作为海岸在综合管理协调机构，应该能够进一步发挥更大作用，在管理部门、利益相关者和公众之间搭起有效的沟通桥梁。

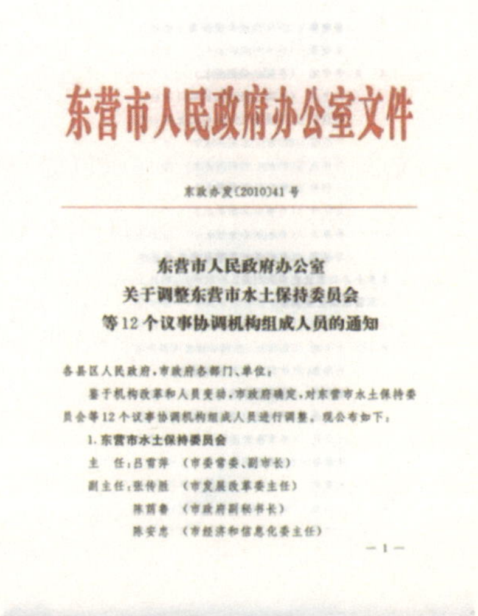

东营市人民政府办公室文件

东政办发〔2010〕41 号

东营市人民政府办公室
关于调整东营市水土保持委员会
等 12 个议事协调机构组成人员的通知

各县区人民政府，市政府各部门、单位：

鉴于机构改革和人员变动，市政府确定，对东营市水土保持委员会等 12 个议事协调机构组成人员进行调整。现公布如下：

1. 东营市水土保持委员会

主　任：吕雪萍　（市委常委、副市长）

副主任：张传胜　（市发展改革委主任）

陈筒鲁　（市政府副秘书长）

陈安忠　（市经济和信息化委主任）

— 1 —

东营市海岸带综合管理委员会文件

指标 7　管理经费

A. 指标内涵

管理经费是管理措施能够顺利实施的保障。东营市的海岸带管理管理经费主要来源于海域使用金的收缴。

B. 变化趋势评述

根据东营市海洋部门的统计，2005 年全市征收海域使用金 609.58 万元，全部用于海洋管理工作。2009 年全市征收海域使用金 5 200 余万元。依据国家相关规定，所征收海域使用金上缴国家 30%，上缴省 20%，市一级留成 30%，返还县区 20%。目前，上缴国家、省级的海域使用金部分，依据国家相关政策，以项目形式进行返还。也就是说，2009 年全市征收的海域使用金大部分·(约 80%) 都以立项或管理资金的形式投入了海岸带综合管理工作。

因此，2005 年东营市海洋管理经费与 GDP 的比例为 0.019%，这一比例在 2009 年上升到 0.020%。

C. 结论与建议

东营市海洋管理部门的管理经费有比较稳定的来源，且近几年有了较大增长。随着海域使用办法的进一步完善，海岸带综合管理的经费来源也一定有更大的保障。

指标 8　可持续财政来源

A. 指标内涵

可持续发展要求在严格控制人口增长、提高人口素质和保护环境、资源永续利用的条件下进行经济和社会建设，保持发展的持续性和良好势头。因此，保护人类赖以生存与发展的大气、淡水、海洋、土地和森林等自然环境与自然资源，防止环境污染和生态破坏，是我国社会主义建设的一项战略任务，也是我国的一项基本国策。可持续发展离不开财政的支持。因此，要保证可持续发展，必须有财政的大力支持，以取得可持续发展的外部环境。

对目前阶段来说，财政拨款是东营市海洋管理部门主要的可持续经费来源。

B. 变化趋势评述

据统计，东营市海洋管理部门 2005 年直接来自政府财政的管理经费超过 100 万元，这一数字在 2009 年达到 130 万元。根据政策，今后几年内，每年将有 定数额的财政拨款投入到海岸带管理中。

C. 结论与建议

环境的可持续利用、现有管理政策的可持续性都离不开稳定的财政支持。可喜的是，东营市海洋管理部门的管理经费具有稳定的可持续来源，并且近几年有上升趋势。

指标 9 硬件建设

A. 指标内涵

海岸带综合管理需要对必要的设备进行购置、维护或更新。

B. 变化趋势评述

为提高海域监测的实时性、准确性，东营市海洋管理部门启动了海域使用动态监视监测管理系统建设。该系统是集海洋空间数据获取、处理、存储、传输、管理应用和服务技术于一体，以海洋信息空间数据为核心，实现海洋信息资源的全面数字化。根据东营市海洋部门的资料，东营市国家海域使用动态监视监测管理系统建设计划完成时间为四年，经费预算为 3 425.96 万元。

C. 结论与建议

系统建设完成投入使用后，可及时发现违规违法用海、擅自改变海域使用用途和使用属性、超标排污、溢油和赤潮等海上突发性事件，实现对近岸及其它开发性海域的实时监视监测，大大提高监测效率。

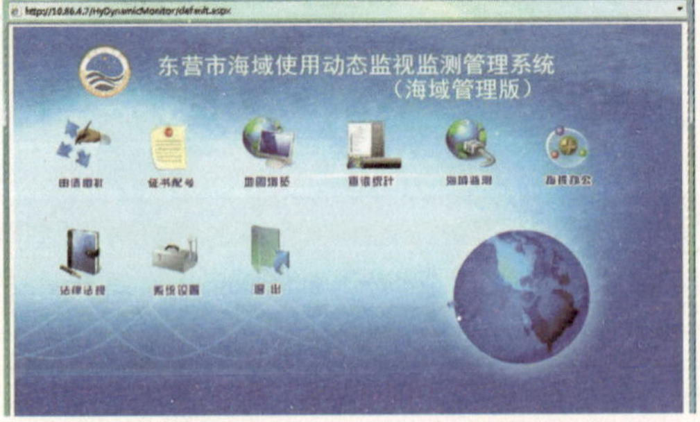

东营市海域使用动态监视监测管理系统

指标 10　软件建设

A. 指标内涵

ICM 的执行需要充分的管理资源——具有专业技术的工作人员、一定的经费和必要的设备，即硬件和软件建设。ICM 的软件建设包括管理人员培训、人才储备、国际交流等。

B. 变化趋势评述

截至 2008 年底，东营市共有编制内海洋渔业人才 367 人，市级部门拥有 162 人，县级部门拥有 151 人，乡级部门拥有 60 人。其中共有专业技术人员 206 人，正高 5 人，副高 16 人，中级职称 50 人；拥有研究生学历 12 人，本科学历 49 人，大专学历 80 人；在 33 个技术推广机构中，共有专业技术人员 73 名，其中正高 2 人，副高 5 人，中级职称 17 人。

根据东营市海洋部门的资料，近年来，东营市拟设立技术创新示范区建设专项资金，支持石油大学科技园高新技术园区、黄河三角洲可持续发展研究院建设，支持重大自主创新项目研发、节能降耗和资源循环利用技术集成与推广。批准在东营成立黄河三角洲本科学院，整合石油大学胜利学院和地方优质专科教育资源，创办一所地方普通本科高等教育院校——东营学院（或黄河口大学），为高效生态经济的发展培养复合型的专业适用人才。

国际交流方面，2005 年，东营市成为中国首批海岸带综合管理平行示范区之一，并加入了 PEMSEA 的地方政府网络（PNLG）。通过参加东亚海大会（EAS Congress）、国际 PNLG 成员交流、国内交流等方式，学习先进的管理方法和实践。承担了 GEF/UNDP 的“在渤海实施以污染减排和投资项目为重点的河流流域与海岸带综合管理计划——广利河项目”和 GEF/UNDP/UNOPS“在中国制定和实施东亚海可持续发展战略与海岸带综合管理推广计划”两个国际合作项目。

C. 结论与建议

东营市海洋管理部门的管理人员编制、对人才的储备和国际交流工作都比较到位。

ICM 要求多学科和管理方面的新技能，因此对相关人员进行教育培训不仅与管理工作本身有关，还与可持续发展能力有关。东营市海洋部门应加强对管理人员的培训工作。

东亚海计划第三期项目启动大会

指标 11　公众意识

A. 指标内涵

近年来，我国各级政府对于海洋资源环境保护的推动力度不断加大，但缺少公众的广泛响应。公众的环保意识不强，参与度低，使环境政策实施的成本相对提高。如何提高公众的环保意识，让公众主动参与环保行动，是管理者所面临的一个重要问题。

B. 变化趋势评述

根据东营市海洋部门的资料，目前在东营市开展的关于海洋生态环境保护方面的宣传活动主要有以下三类。

一是行业主管部门进行的专项宣传活动。例如，东营市海洋与渔业局每年围绕“世界海洋日”开展系列宣传活动，宣传与海洋保护有关的知识及法律等。山东黄河三角洲国家级自然保护区管理局、东营市教育局、东营市观鸟协会在中小学普及自然保护区科普知识等。

二是网站建设。包括“海上东营”与“东营市海岸带综合管理网”、“PEMSEA三期项目网站”等信息平台的完善与维护：http://www.hsdy.gov.cn；http://www.icmdy.cn；http://www.pemsea.cn。

三是由高校或民间团体自己组织的不定期宣传。开展过的活动包括石油大学、职业学院等高等院校以及观鸟协会等民间团体，一般受“WWF”，“Wetland international”等组织资助，内容主要集中在黄河三角洲湿地保护。

黄河三角洲科普网页

C. 结论与建议

东营市海洋部门对公众的宣传工作利用各种渠道做的非常细致到位。建议在宣传活动的同时，适当开展调研问卷，通过以问卷的形式反馈公众意见到管理部门，推动公众参与和互动。

指标 12　利益相关者的参与

A. 指标内涵

管理学意义上的利益相关者（stakeholder）是组织外部环境中受组织决策和行动影响的任何相关者。利益相关者的意见一定要作为决策时需要考虑的因素。利益相关者参与海岸带管理过程，会使他们意识到自己与海岸带的政策、活动密切相关，从而更加主动的参与其中，提高海岸带管理工作的执行效率。与海岸带管理有关的利益相关者包括海岸带协调机构参与方、海岸带经济和生产活动的各个单位、环保组织等。

B. 变化趋势评述

2010 年 5 月 30 日，黄河口生物多样性保护与保护区网络建设示范项目举行首次利益相关者咨询会。参加这次会议的利益相关者单位和代表共有 9 个，分别来自：东营市旅游局、东营市国土资源局、东营市发展改革委、东营市农业局、东营市环保局、黄河三角洲国家级自然保护区管理局、胜利油田海洋采油厂、养殖户代表、黄河口大闸蟹协会。各利益相关者单位表达了对黄河口生物多样性保护和保护区网络建设项目的支持，另一方面也表达了项目实施有可能对本行业带来影响的担忧，例如海洋采油厂代表提出项目的实施是否会影响涉海用地和运输，渔业补偿标准是否会提高等。在自由讨论部分，项目各模块负责人向利益相关者代表展开了进一步的咨询。

C. 结论与建议

海岸带综合管理协调机构为利益相关者参与海岸带综合管理架设了有效的渠道。利益相关方也可以通过各种形式将意见反馈到海岸带管理者，从而增加信息的透明度，节约管理成本。

利益相关者参与项目咨询会

指标 13　人口密度与经济密度

A. 指标内涵

密度经济是指国内生产总值与区域面积之比，它表征了城市单位面积上经济活动的效率和土地利用的密集程度。在一个有限空间里，经济又好又快发展面临着土地、能源、水资源和环境的制约。只有科学提升“经济密度”，才能破解发展难题，保持可持续发展优势。提升“经济密度”，即在有限城市空间里，通过产业升级、高端服务业发展，增强对全球要素的集聚能力，提升经济发展质量。

海岸带区域的人口和经济密度分别指每公里海岸线上人口数和国内生产总值（GDP）。

B. 变化趋势评述

2005 年，东营市每千米海岸线的人口为 0.437 万人，每千米海岸线的 GDP 为 2.78 亿元；到 2009 年末，东营市每千米海岸线的人口为 0.447 万人，每千米海岸线的 GDP 为 4.99 亿元，比 2005 年均有所增长。

东营市海岸带的人口密度和经济密度

	每千米海岸线的人口（万人）	每千米海岸线的 GDP（亿元）
2005 年	0.437	2.78
2009 年	0.447	4.99

C. 结论与建议

相比较来说，2009 年东营市每千米海岸线的人口密度比 2005 年增长 0.01 万人，经济密度增长 2.21 亿元。东营市海岸带综合管理必将对东营市海洋资源优化整合和海洋产业的健康发展起到巨大的推动作用。

指标 14　海洋产业占 GDP 比重

A. 指标内涵

依托明显的区位优势和丰富的海岸带资源，海洋渔业、海上交通运输业、滨海旅游业、海洋石油、盐业及海洋化工等产业已成为东营经济社会发展新的增长点，初步形成了较为完善的海岸带产业格局和生产力布局。

B. 变化趋势评述

2004 年，全市海洋产业总产值达 77.27 亿元，占当年 GDP 的 8.6%；2005 年，全市海洋产业总产值 89.38 亿元，占同期 GDP 的 7.8%；2009 年，东营市海洋产业总产值达 309.67 亿元，占全市 GDP 的 15.04%。

2004/2009 年各行业产值比较见下表。

东营市 2004/2009 年海洋产业产值　　　　单位：亿元

海洋产业	产值	
	2004 年	2009 年
海洋油气	35.08	80.17
海洋渔业	21.17	26.82
滨海旅游业	8.94	34.11
盐及盐化工业	0.89	38.96

C. 结论与建议

与 2005 年相比，东营市海洋产业的总产值增长了近 3.5 倍，对全市 GDP 的贡献率超过 15%。

指标 15　民生投入

A. 指标内涵

民生问题，简单的说，就是与百姓生活密切相关的问题，最主要表现在吃穿住行、养老就医、子女教育等生活必需层面。教育是民生之基，就业是民生之本，收入分配是民生之源，社会保障是民生之安全网。民生问题也是人民群众最关心、最直接、最现实的利益问题。“民生问题”不仅是构建和谐社会的关键，也是政府工作的基本着力点。

B. 变化趋势评述

东营市就业、社保、医疗、居民生活支出统计

	城镇登记失业率	低保金发放（万元）	农村养老保险（万人）	各类医疗机构	初中毕业升学率	城市居民恩格尔系数[1]	农村居民恩格尔系数
2005 年	1.9%	2 032.2	24.0	115	85.1%	27.2%	31.8%
2009 年	1.88%	1 962.7	25.35	481	99.5%	30.0%	35.1%

从上表看出，东营市近几年的失业率控制得力，略有下降，低保金发放基本持平，农村养老保险范围扩大，全市医疗保障能力有了较大提升，初中毕业升学率进一步提高。但是居民的恩格尔系数略有增长，说明居民的收入与物价增长不协调。

C. 结论与建议

总体来说，政府在控制失业率、普及教育、提高养老和医疗保障福利方面基本令人满意。基于物价不稳定因素，居民的恩格尔系数有所增长，说明居民的实际购买力有所下降。

①恩格尔系数 (Engel's Coefficient) 是食品支出总额占个人消费支出总额的比重，是国际上通用的衡量居民生活水平高低的一项重要指标，一般随居民家庭收入和生活水平的提高而下降。

指标 16　环境监测体系

A. 指标内涵

针对东营市海洋环境保护区密集、油气产业发达、养殖业发展迅速的情况，有必要对近岸流域、入海排污口和近岸海域进行常规的环境监测，对环境敏感区域还应进行加密监测。

B. 变化趋势评述

东营市常规海洋环境监测项目如下。

1) 每年对全市近岸海域海洋环境质量状况与趋势进行监测，重点监测海水质量、水文气象、水质、近岸贻贝等项目；

2) 海洋功能区监测，主要监测海水增养殖区概况、海水水质、沉积物、生物质量等项目；

3) 一般陆源入海排污口监测，主要监测水质质量，监测区域为马新河、沾利河、潮河、挑河、神仙沟、黄河、小岛河、广利河入海口；

4) 海洋垃圾监测，对广利河附近海域进行海洋垃圾监测；

5) 海水入侵和盐渍化监测，如 3 月、9 月对东营市海水养殖样板园进行海水入侵和盐渍化监测；

6) 监督监测，根据东营市毗邻行政海域海洋工程和海岸工程开发建设情况的需要进行适时监督监测；

7) 应急监测，对全市海上活动、倾废、溢油、赤潮、陆源排海废水等海上突发事故进行应急监测。

C. 结论与建议

东营市海岸带区域的常规监测体系指标设计完整、监测时间适宜、监测对象涵盖全面。

东营市近岸水质常规监测

指标 17　入海污染物总量

A. 指标内涵

入海污染物总量主要指随径流携带的污染物入海通量。由于通量测量时间和方法的局限，只能通过对河流入海口的常规监测获得阶段性的数据。鉴于常规监测计划在时间上的平行性，结果也具有可比性。

B. 变化趋势评述

2008 年入海污染物通量　　单位：千克 / 日

	COD	氨氮	石油类
2008 年通量	122 555	12 176	584

根据东营市海洋环境监测预报中心 2008 年对东营市主要河流入海口实施的常规监测，各主要河流污染物的通量计算结果上表。

C. 结论与建议

由于基线数据（2005 年）缺失，对此指标的评价尚不能开展。建议新的海岸带状况报告以 2008 年数据为基线值。

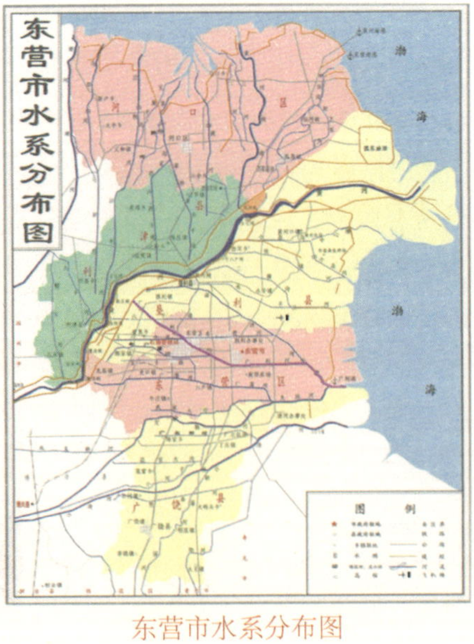

东营市水系分布图

指标 18　近岸海域水质

A. 指标内涵

水质是海洋生态系统健康的关键组成部分。根据我国海水水质国家标准，按照海域的不同使用功能和保护目标，海水水质分为以下四类。

第一类 适用于海洋渔业水域海上自然保护区和珍稀濒危海洋生物保护区，即清洁海域；

第二类 适用于水产养殖区、海水浴场、人体直接接触海水的海上运动或娱乐区、以及与人类食用直接有关的工业用水区，即较清洁海域；

第三类 适用于一般工业用水区、滨海风景旅游区，即轻度污染海域；

第四类 适用于海洋港口水域、海洋开发作业区，为中度污染海域。

劣于四类海水的水域为严重污染海域。

B. 变化趋势评述

根据 2005 年和 2009 年山东省海洋环境质量公报，东营市近岸海域基本以较清洁海域为主。2005 年，东营近岸局部海域呈轻度污染；而 2009 年，东营近岸海域的轻度污染面积扩大至整个莱州湾海域，小清河口附近出现了中度甚至严重污染区域，海水水质有所下降。

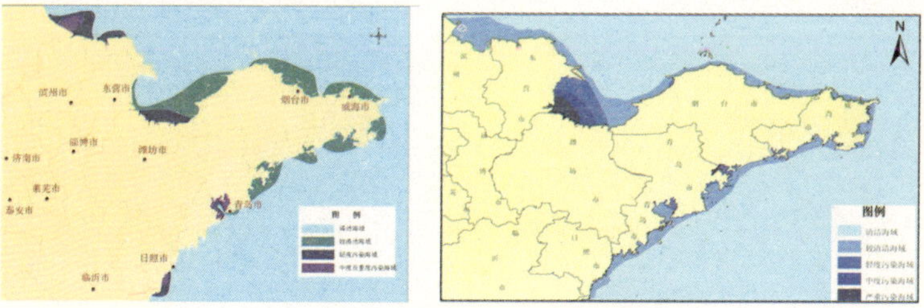

2005/2009 年山东省污染海域分布

C. 结论与建议

从山东省污染海域的分布变化来看，东营市北部海域的水质变化不大，东营近岸莱州湾海域水质下降明显。

指标 19　底栖类生物多样性

A. 指标内涵

生物多样性(biodiversity)是指一定范围内多种多样活的有机体(动物、植物、微生物) 有规律地结合构成稳定的生态综合体。这种多样性包括物种多样性，遗传多样性及生态系统多样性。其中，物种的多样性是生物多样性的关键，它既体现了生物之间及环境之间的复杂关系，又体现了生物资源的丰富性。

生物多样性是海洋生态系统总体健康的关键组成部分。此指标的监测有利于生态系统有机体的评价，确保实现维持生态系统结构的管理目标。

B. 变化趋势评述

东营市海洋管理部门于 2009 年 8 月对附近海域的大型底栖生物做了一次详细调查。共采集大型底栖生物 95 种，平均密度为 459 ind/m^2，北部河口区是大型底栖生物密度的高值区。总体而言，北部河口区的丰富度指数 (d) 较高，近 50% 站位的丰富度指数大于 2.5，南部海域的丰富度指数也较高，最高为 2.64。香农 - 威尔指数 (H')的分布趋势与丰富度指数相似，最高 4.12，最低为 0.27。均匀度指数 J' 波动较小，介于 0.8~1。优势度指数 (λ) 在南部海域较高，而北部河口区基本在 0.2 以下。

C. 结论与建议

由于数据有限，对此指标的评价无法展开。待下期数据产生后再作对比。

指标 20　海岸带环境管理措施

A. 指标内涵

根据东营市近岸海域水质下降的现状，有必要实施环境管理措施，以净化入海水质、改善海洋环境质量。

B. 变化趋势评述

根据东营市海洋部门的资料，除海岸带环境的常规监测，海岸带环境管理措施还有：

1) 增强城镇污水处理和垃圾处理能力，减少陆源污染排放

◆ 投资 1.3 亿元，建设东营经济开发区污水处理厂并配套收集管网，处理能力 4 万吨 / 日

◆ 投资 1.4 亿元，建设东营港经济开发区污水处理厂并配套收集管网，处理能力 5 万吨 / 日

◆ 投资 6 000 万元，建设广饶县污水处理厂二期工程，将处理能力从 2.5 万吨 / 日增加至 5 万吨 / 日

◆ 总投入约 1 亿元，在经济较发达的胜坨镇、稻庄镇等建设乡镇污水集中处理设施

◆ 现有生活垃圾处理厂 5 座，日处理能力 800 吨；危险废物集中处置企业 6 家，日处理能力达 300 余吨。

2)　　流域污染治理

◆ 累计投资 5.4 亿元，完成《小清河流域综合治理规划》等项目 21 个，阳河和织女河两岸的工业企业外排水全部进行深度处理，确保按时段达到小清河流域水污染物排放标准

◆ 投入 16 亿元，实施了广利河综合治理工程，对 39 家企业分别实行了限期治理、停产整顿、转产或关闭，责令 23 家企业限期 3 年内搬迁。

3) 积极开展农村环境综合整治。结合新农村建设，编制了《农村环境综合整治规划》，以农村地区工业污染治理、农村生活污染治理、畜禽养殖污染治理等为重点，积极开展农村环境综合整治，农村生态环境得到较大改善。

C. 结论与建议

结合海洋部门对海岸带环境的常规监测以及城镇污水、垃圾的处理和农村污染整治的措施，东营市政府对改善近岸陆域和海域环境、增强环境对经济的支撑能力所做的工作涵盖比较全面，资金投入迅速、得力。综合目前海岸带环境的问题来说，还应加大对养殖区海域的环境管理力度，出台针对养殖污水的管理措施。

指标 21 企业环保投入占 GDP 比重

A. 指标内涵

企业作为生产者，对生产过程产生的污染物有去除消解的义务。本指标统计东营市工业项目环保投资和废水治理的投资度占当年 GDP 的比重，反映工业企业在环保方面的投资能力和政府的督导力度。

B. 变化趋势评述

工业污染治理项目建设情况

	施工项目本年完成投资额（万元）	占当年 GDP 比例（万分之）	废水治理项目投资额（万元）	占当年 GDP 比例（万分之）
2005 年	41 332.9	35.44	37 903.3	32.50
2009 年	68 188	33.12	40 979	19.90

根据统计，2009 东营市工业污染与废水治理项目的投资额均比 2005 年有了较大增长，但针对 GDP 的比例却有所下降。

C. 结论与建议

从表 10 可以看出，2009 年东营市实施工业污染治理项目的建设和投资情况较 2005 年有所下降，政府应予以关注，并出台有关政策加以扶持。

指标 22 海岸带石油类污染指数

A. 指标内涵

东营作为因油而生的城市，其富集油气的地质特点决定了土壤和海底底质会释放石油类污染物进入地表水或海水中，从而增加近岸海域被石油污染的风险。

B. 变化趋势评述

2009 年 8 月东营市海岸带石油类污染指数

	平均值	一类标准值	污染指数	最大值	最大污染指数
表层水	0.008 mg/L	0.05 mg/L	0.17	0.009 mg/L	0.19
沉积物	2.14×10^{-6}	500.0×10^{-6}	0.004	6.49×10^{-6}	0.01

由于胜利油田位于黄河三角洲国家级自然保护区附近，因此对海水水质和沉积物的监测标准采用国标一类标准。2009 年 8 月对海岸带的监测过程中没有发现石油类超标的现象，石油类污染对海岸带环境尚不造成影响。

C. 结论与建议

胜利油田是我国第二大石油生产基地，原油年生产能力 2700 万吨，有 93 座海上采油平台，海底输油管线 76 条 /144.4 千米。从目前来看，胜利油田的高产量并未对其周边海域造成污染，油田对各个生产环节的漏油保护和生产废水脱油措施实施得当，石油类污染对海岸带环境的风险较小。

胜利油田的油井

指标 23　可用海域资源

A. 指标内涵

海洋是资源的宝库，海域作为海洋的组成部分，同样也蕴含着丰富的资源，如作为食物来源和药物、工业原料来源的生物资源、矿产和油气资源，还包括海域空间资源。海岸与海岛空间资源，可用来发展工业、农业、城建和旅游等；海域水体空间资源不仅是从事渔业生产的必要场所，而且也是军用和民用水下交通工具的运行空间；海底空间资源，可用来进行海底电缆和输油管道等的铺设、海底隧道的开凿，还可作为海底仓储、海底倾废的场所等。

B. 变化趋势评述

东营市海岸带的滩涂面积 12.23 万公顷，浅海面积近 48 万公顷，总计约 60 万公顷。沿岸水浅、滩宽、地势平坦，土壤类型多为滨海盐潮土，沉积物以粉砂和淤泥质粉砂为主；加之沿岸河流众多，水体营养盐丰富，是比较理想的海洋农牧化基地，尤其适合多种贝类生长栖息，是全国著名的贝类生产区。滩涂和浅海主要增养殖种类有文蛤、四角蛤蜊、蛏类、毛蚶、泥螺等。东营市滩涂和浅海的开发近年来发展迅速。

东营市可用海域资源比例

	滩涂和浅海累计开发利用（万公顷）	可开发比例
2005 年	4.56	92.4%
2009 年	8.21	86.3%

C. 结论与建议

独特的自然环境和资源地理优势，为东营市着力培育虾类、经济贝类和特色鱼类等主导品种，努力做大特色产业规模，做强特色产业优势，加快发展优质、高效的海水养殖业提供了基础条件。

指标 24　可用岸线资源

A. 指标内涵

由于黄河水冲淤造陆作用，黄河口平均每年向海内延伸 2.21 平方千米，年均造陆 32.4 平方公里左右，因此会产生新的海岸线资源。这一奇特的“新生”岸线现象造就了东营市可用岸线资源的变化。

B. 变化趋势评述

东营市海岸线南起小清河向广饶一侧，北至顺江沟向河口区一侧，经实际勘测全长 412.67 千米，目前其中人工海岸线长 261.71 千米，所占比例为 63%，天然海岸线长 150.96 千米，占总长的 37%。

C. 结论与建议

目前东营市人工岸线占总长的 63%，天然岸线占 37%，这一数字可作为可用岸线的基线值进行评价。东营市海岸线在黄河水的造陆作用下会有所变化，应定期对其进行勘测和评估。

指标 25　可再生能源比重

A. 指标内涵

东营市光照、风力、地热以及生物质能等资源丰富。据测算，全年日照时数 2 714.3 小时，年有效风速 2 500 小时，年有效风能密度在 374.8 瓦 / 米^2 以上，具有很好的太阳能和风能利用前景。地热资源丰富，地热异常区域达 1 150 平方千米。以此为依托，东营新能源利用项目已全面铺开，具备了大开发的基础。

B. 变化趋势评述

实施大规模综合性能源开发，推动大批新能源产业项目的聚集，将会形成以风能、太阳能、地能、生物质能装备制造为主的新能源产业体系，成为全国重要的新能源建设基地，进一步改善国家能源结构，提高国家能源安全系数。

风力发电方面，沿海已经规划四个风电场，目前已有国华集团、鲁能集团、大唐集团等 5 家公司进驻四个风电场，项目建设规模近 5 万千瓦。生物质能方面，国能垦利生物质发电项目于 2007 年并网发电。太阳能方面，中国光伏集团投资 15 亿元的太阳能发电项目已初步确定，建成后年可发电 10 兆瓦。

C. 结论与建议

由于诸多替代能源项目尚处于在建或调试阶段，可再生能源产量尚无法确定，此部分评价有待后期开展。

东营市新建替代能源项目

指标 26　水产品供应量

A. 指标内涵

东营是黄、渤海水域渔业生物资源的主要繁殖场，有海洋生物 600 余种，其中重要的经济鱼类和无脊椎动物 50 余种，滩涂的贝类资源近 40 种，经济价值较高的贝类有 10 余种。由于过渡捕捞，近海渔业资源受到一定程度的破坏；带鱼、黄鱼、鲈鱼、梭鱼和鲅鱼等传统的经济品种已形不成鱼汛，渔业可持续开发受到威胁。此指标关注东营市水产品供应量的变化。

B. 变化趋势评述

近年来，东营市水产品产量、海水养殖面积和渔业产值都有所上升，渔业资源的恢复呈现积极势头。

2005/2009 年东营市水产品产量

	水产品总产量（万吨）	海水养殖面积（千公顷）	渔业产值（亿元）
2005 年	42	67.77	18.9
2009 年	42.36	81.1	32.93

C. 结论与建议

2009 年，东营市水产品总产量达到 42.36 万吨，基本与 2005 年持平，但产值有了较大增长。有理由相信，在以可持续发展为最终目标的海岸带综合管理框架下，东营市的渔业和水产养殖业必将出现新一轮健康发展的良性循环。

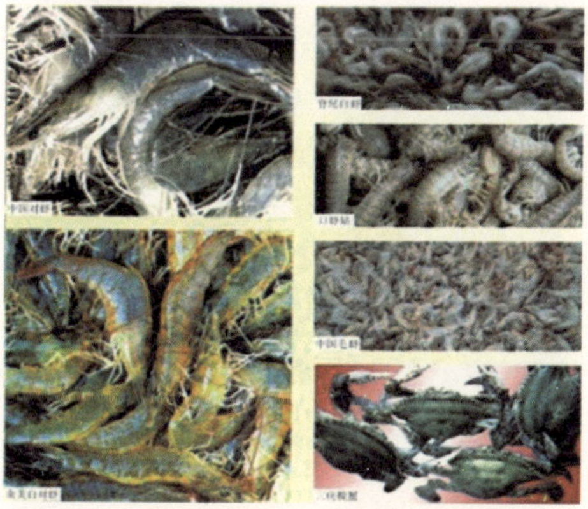

东营市所产对虾、梭蟹等

指标 27　天然湿地面积

A. 指标内涵

湿地，被誉为“地球之肾”，它与森林、海洋一起并称为全球三大生态系统。湿地在涵养水源、蓄水防洪、过滤和降解污染物、促淤造陆和控制侵蚀等方面发挥了重要的作用。黄河三角洲滨海湿地是在黄河三角洲沉积叶瓣体上发育演化而来，三角洲的蚀退和淤进直接影响湿地水禽的生境。因此，保护三角洲湿地对于维护鸟类生物多样性和保护水生生物资源都有重要意义。

B. 变化趋势评述

现代黄河三角洲湿地景观总面积约为 3 801.57 km2，其中，天然湿地面积比重较大，构成了现代黄河三角洲的主体部分，决定了该地区湿地的主要结构和功能。但另一方面，人工湿地和非湿地景观面积比重均呈现出上升趋势，表明现代黄河三角洲天然湿地的面积正处于萎缩、退化阶段。从 2004 年到 2008 年，天然湿地占总面积的比例由 69% 下降到 65%②。

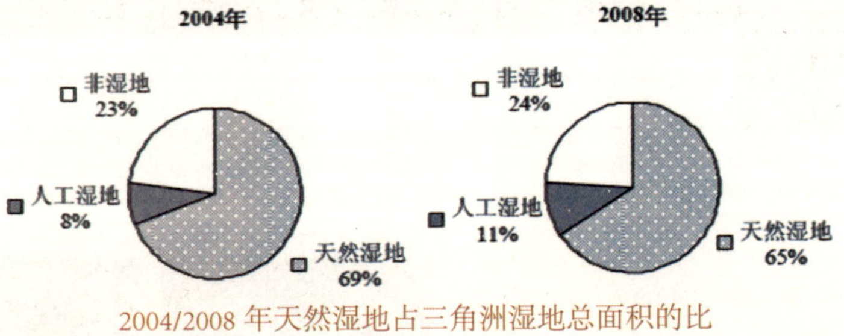

2004/2008 年天然湿地占三角洲湿地总面积的比

C. 结论与建议

黄河三角洲湿地是东营市珍贵的生境资源。针对天然湿地面积退化的现状，建议国家有关部门和东营市政府加大对三角洲保护区的投资和建设，完善立法、重视宣传、科学规划和利用湿地，开展湿地修复评估体系，保护生物多样性，维持生态平衡。

②出自刘艳芬博士论文《现代黄河三角洲湿地景观变化及其对水禽生境的影响》，2010 年 4 月。

指标 28　海岸带资源管理措施

A. 指标内涵

受黄河断流、淡水资源缺乏、风暴潮侵蚀等因素影响，20 世纪 90 年代末黄河三角洲国家级自然保护区生态环境曾一度恶化，湿地退化。

由于过去对资源管理认识不足，渔业捕捞增加过快以及近海环境质量的恶化等原因，使得东营市近海——莱州湾的渔业资源下降明显，资源利用的可持续性有待提高。本指标关注海岸带资源修复等管理措施的实施情况。

B. 变化趋势评述

2001 年开始，自然保护区自筹资金 1 300 余万元对退化湿地实施生态恢复。自 2001 年以来，共恢复湿地约 1.33 万公顷（20 万亩），其中，2003 年至 2004 年实施了约 0.47 万公顷（7 万亩）湿地恢复工程，2006 年又成功恢复湿地约 0.67 万公顷（10 万亩），2008 年恢复湿地 0.2 万公顷（3 万亩）。

近年来，为有效恢复近海海域及黄河水域生物资源量，推动渔业经济可持续发展，东营市加大渔业资源增殖放流工作力度。2009 年东营市梭子蟹的捕捞产量达到 2800 多吨，产值 1.68 亿元，比实施梭子蟹放流之前的年份捕捞产量增加了一倍多。而随着中国对虾增殖放流项目的实施，近年来在东营市附近海域罕有捕获的中国对虾又重新回到了老百姓的餐桌上，其中，2009 年全市中国对虾捕捞产量达到 100 余吨，产值 1 570 多万元（东营市海洋管理部门资料）。

从 2005 年至今，全市共实施三疣梭子蟹、中国对虾人工增殖放流、贝类底播增殖等渔业资源修复项目 27 个，投入资金 4 167 万元，人工放流梭子蟹苗种 1.22 亿只，中国对虾 5.05 亿尾，海蜇 2 400 万头，黄河口大闸蟹 730 万只，底播各种贝类 570 余吨。

C. 结论与建议

实施湿地修复工程使湿地在提供水资源、调节气候、涵养水源、拦蓄洪水、促淤造陆、降解污染物、保护生物多样性等方面的功能得到正常发挥，生物多样性不断丰富，鸟类种类和数量明显增多。国家重点保护鸟类白鹤、黑鹳等首次出现在湿地修复区，丹顶鹤、灰鹤、白枕鹤等国家重点保护鸟类数量明显增加，部分东方白鹳由候鸟变为留鸟。

几年的渔业资源增殖放流工作的实施，取得了明显的效果。放流品种的资源量较放流前有了明显的增加，许多的海洋捕捞地区出现了虾蟹满仓的丰收景象。

东营市渔业资源增殖放流工作

指标 29　保护区网络的建设与管理

A. 指标内涵

东营辖区内的国家级自然保护区有六处，分别以鸟类、浅海贝类、黄河口生态系统、鱼类、蛏类及底栖动物为保护对象；省级自然保护区一处，以浅滩生物及砂矿资源为保护对象。七处保护区面积共计 327 626 公顷。

B. 变化趋势评述

2007 年 6 月，东营市政府颁布文件（东政办字〔2007〕48 号），成立了以常务副市长为主任，分管副市长为副主任，垦利县、利津县、市发改委等县区和部门单位负责人为成员的山东黄河三角洲国家级自然保护区管理委员会。先后投资 3 729 万元（其中国家投资 1 352 万元），实施了自然保护区一期及其续建工程、二期工程、湿地监测工程等项目，大大提高了自然保护区的保护管理能力。2007 年，投资 1 720 万元，规划实施了自然保护区围栏、防火隔离带、鸟类救护中心配套、争创“东方白鹳之乡”基础设施、重点物种与重要生态区域保护工程等生态建设工程，启动了国家级示范自然保护区和数字保护区建设工作。

C. 结论与建议

通过科学有效的保护管理，自然保护区的生态呈现恢复、发展趋势，重点保护对象得到有效保护，各种珍稀、濒危鸟类的栖息地环境得到明显改善，鸟类的种类和数量明显增加，生物多样性明显提高。经过一期、一期续建和二期工程建设，自然保护区保护管理设施更加齐全，巡逻工具更加充足，巡逻队伍更加稳定，检查站点布局更加合理，防火站点、瞭望塔、通讯联络等设施更加完备。建区近 18 年来，无任何火灾事故和野生动物疫情发生，保持了区内安全稳定的良好态势。

美丽的黄河三角洲国家级自然保护区

指标 30　海岸带的风险管理意识

A. 指标内涵

东营市海岸带经常发生的自然灾害包括海冰、风暴潮、台风、赤潮、海水入侵等，溢油等生产事故也可能对海岸带生态系统造成不可弥补的损失。为增强忧患意识，提高防灾减灾能力，有必要对经常发生的灾害或海岸带面临的其他风险进行常规性监测或统计，形成风险评估报告等，以供管理部门制定灾害管理对策时参考。

B. 变化趋势评述

为了解东营市可能发生的海洋灾害，掌握灾害发生机制以及相应的预防对策，东营市海洋管理部门在常规海洋监测体系中专门设立了海洋灾害的监测项目。一是海水入侵和盐渍化监测。如每年 3 月、9 月对东营市海水养殖样板园进行海水入侵和盐渍化监测。二是应急监测。对全市海上活动、倾废、溢油、赤潮、陆源排海废水等海上突发事故进行应急监测。根据海上污染事故的具体情况布设站位，对水质、海洋生物、沉积物，根据污染情况进行不间断地监视监测。

C. 结论与建议

在目前搜集的资料中，还没有关于东营市海岸带风险承载能力的评估报告，因此，这方面的工作有待加强。忧患意识使人们增强对灾难的防范能力，对风险的管理必定会有利于海岸带的可持续发展。因此，建议海洋管理部门在每年对海洋灾害监测的基础上设立风险评估项目，对可能发生的自然、人为灾害或污染带来的后果进行预测，增强海岸带抗风险能力，避免或减少海岸带灾害带来的损失。

东营市常见的海岸带灾害

指标 31　灾害造成的社会经济损失

A. 指标内涵

东营市常见的海洋灾害有海冰、风暴潮、台风、赤潮、海水入侵等，尽管不是每年发生，但造成的损失却无法忽视。据统计③，2009 年我国累计发生 132 次风暴潮、海浪和赤潮过程，其中 33 次造成灾害，各类海洋灾害（含海冰、浒苔等灾害）造成直接经济损失 100.23 亿元，死亡（含失踪）95 人。2009 年山东省的海洋灾害主要为风暴潮、海冰、浒苔，造成直接经济损失 9.44 亿元。

B. 变化趋势评述

东营市常见的海岸带灾害如下。

1) 海冰：黄河口附近海域，每年冬天都有海冰出现。一般年份于 12 月上旬开始结冰，3 月上旬海冰消失，冰期约 3 个月；其中 1 月下旬至 2 月中旬为盛冰期。

2) 风暴潮：东营市所辖海域为产生风暴潮灾害最为严重的区域之一。据记载，9216 号和 9711 号风暴潮造成直接经济损失分别达 5 亿元和 7 亿元人民币。

3) 台风：影响东营所辖海域的台风绝大部分出现在七八月份。据统计，影响山东沿海的台风，平均每年有 3 次。1997 年 11 号台风造成直接经济损失 12.7 亿元，其中油田直接和间接损失 5.7 亿元。

4) 赤潮：据记载，1992 年 6 月 12 日，黄河口赤潮面积达 2.05 万公顷，造成经济损失 1 500 万元。

5) 海水入侵：2002 年，东营市对沿海海水入侵情况进行了监测，海水入侵线东起稻庄镇长行官庄，西至石村镇小清河入境处，全长 25.75 平方千米。海水入侵导致水质恶化，每年近 66.7 公顷水浇地丧失灌溉条件。20 世纪 90 年代至今，东营市出现地面裂缝 10 余条，大部分发生在汛期降雨过后地下漏斗中心地带，直接影响了当地人民群众生命财产安全（以上东营市海洋管理部门资料）。

C. 结论与建议

由于缺乏对近期发生的海洋灾害的统计资料，此指标的评价尚无法开展。

海岸带灾害造成巨大损失

③ 摘自《2009 年中国海洋灾害公报》，国家海洋局，2010 年 3 月。
http://www.soa.gov.cn/hyjww/ml/gb/lj/webinfo/2010/03/1265846970087904.htm.

指标 32　防灾减灾措施与能力

A. 指标内涵

随着公众对自然灾害关注度的提高，人们意识到减灾是一个包括备灾、救灾救济和灾后重建在内的系统工程。政府作为广大群众利益的最高代表，有必要在唤起社会各界对防灾减灾工作的关注、增强全社会防灾减灾意识、普及推广全民防灾减灾知识和避灾自救技能等方面做出一系列的工作与努力，提高各种基础设施的综合减灾能力，最大限度地减轻自然灾害的损失。

B. 变化趋势评述

近年来，东营市积极实施海洋减灾防灾工程建设。2006 年，东营市人民政府在东营市海洋渔业环境监测站的基础上成立东营市海洋环境监测预报中心；2008 年，东营市人民政府与国家海洋局北海分局共建了东营市海洋环境监测预报中心，投资 300 万元对海洋环境预报中心综合实验室仪器设备进行了更新，投资 390 万元建设了海洋观测站，监测预报项目扩至 50 余项，通过国家计量认证监督评审。目前，全市已建立市、县两级海洋环境监测中心（站）6 处，定期监测近岸海洋生态环境，对沿海 5 个陆源入海排污口、海洋生态敏感区等特定海域开展了监测。东营市下辖的三县两区的专业海洋环境监测预报机构已逐步建立并完善，并已具有独立开展部分监测业务的能力。

在对基础设施进行改善的同时，在调查与研究的基础上，东营市海洋管埋部门组织人员编制赤潮灾害应急预案、海洋溢油事故应急预案和风暴潮、海啸、海冰灾害应急预案。目前 3 个应急预案初稿已经编制完成。

C. 结论与建议

目前，东营市海洋管理部门对海岸带灾害的预防控制工作还有进一步的部署。一是海洋环境观测站建设。除已建成的东营港海洋观测站外，再建设 3 个海洋环境观测站，结合公共有线数据通信网络将观测数据汇集到东营市海洋预报台，实现信息共享。二是海洋观测站数据通信能力建设。为各观测站配置通信计算机及通信设备，保障海洋环境观测数据实时向东营市海洋预报台传输。三是海洋预报信息中心建设。建设数值预报系统及海洋预警报产品计算机制作系统，建立与东营市政府有关部门、渔业生产部门、沿海养殖业户及其他海洋产业部门的计算机通信网，具备实时、交互性的查询功能。四是海洋观测预报业务支持系统建设。建设一个现代化的、提供海洋防灾减灾服务、保障作业生产安全的海洋预报业务支持系统，包括完善资料接收与处理系统建设、卫星遥感接收及处理系统建设和海洋观测、预报实时信息综合分析处理系统等。

5　结论与展望

5.1　东营市海岸带状况小结

东营市海岸带状况报告借助东亚海环境管理伙伴关系计划的依托，在结合海洋管理部门、科研支撑部门、利益相关者意见的基础上，选择32个典型指标，对比实施海岸带综合管理前（2005年）和后（2009年）的数据进行评价。

目前，东营市的海岸带状况可以总结为以下几点。

（1）海岸带管治方面，由于大部分的工作都是在加入海岸带综合管理平行示范区之后开始启动，因此目前各指标的发展情况基本都令人满意。在协调体制的建设方面，由于东营市于2010年4月成立海岸带综合管理协调机构，很多工作尚处于计划阶段，此方面的评价有待协调体制运行后方能开展。

（2）可持续发展方面，社会经济可持续能力令人满意，对比结果呈改进状态。环境保障能力的基线数据缺失比较严重，入海污染物和底栖类生物都只有2009年的数据，待下期数据统计之后尚可进行对比。近岸海域水质状况恶化，海洋管理部门应加强对重点河口或排污口的监测，加大环保力度，控制海域污染。企业环保的投入比例有所降低，政府应设法在政策上扶持企业对环保设施的投资，鼓励绿色生产模式，降低能耗，发展环境友好产业。

（3）资源可持续利用能力方面，可用的岸线资源由于基线数据未知无法评价。可再生能源产业处于发展阶段，还未能得知产量等数据，有待后面的海岸带状况报告补充。可用海域资源、水产品供应量、海岸带资源管理和保护区建设与管理这四个指标的对比结果令人满意，而尽管海岸带资源管理中对自然湿地的修复工作有所进展，但现代黄河三角洲天然湿地面积仍然有下降趋势，令人担忧。

（4）东营市海岸带的防灾减灾工作比较令人满意，但对海岸带的风险管理评估和灾害的损失统计工作有待加强，此部分评价有待进一步开展。

总的来说，除海岸带综合管理前尚未启动的工作或统计口径不完善的原因，东营市 2010 年海岸带状况报告反映东营市海洋综合管理工作基本令人满意。在海岸带管治方面，东营市海洋管理部门工作比较到位，但在海岸带可持续发展能力方面，有些问题尚待解决。例如，缺失的基线数据：

- 入海污染物总量
- 底栖生物多样性
- 可用的岸线资源
- 海岸带风险评估报告
- 灾害损失与对防灾减灾投入的比例

因这些指标的基线数据无法得到，下一步的海岸带状况报告将以现阶段搜集到的数据为基础进行评价。需进一步开拓的工作包括：1. 加快协调体制建设 2. 推动可再生能源产业发展，这两类指标将以未来一至两年内统计得到的数据为基线数据。

同时，建议政府和相关部门关注企业环保投入比重、海水水质下降、天然湿地面积下降的问题，鼓励企业进一步对环保设施加大投资力度、监控重点河口或排污口的排污情况、改善莱州湾水质、采取更有力更积极的措施修复和保护天然湿地。还应指出，随着社会经济的发展和海岸带综合管理工作的推进，现阶段的指标体系需要补充和改进，海洋管理者欢迎关心海洋与海岸带发展的群众和利益相关者为提升海岸带综合管理的质量和影响力献计献策，把海岸带状况报告做得更加完善、更加实用、更符合民情。

5.2 未来工作展望

海岸带状况报告的编制只是对以往东营市海岸带综合管理成果的一次总结与评估，针对评估结果在未来需要着重开展以下几个方面的工作：

（1）进一步完善和建立起基于生态系统的海岸带综合管理体系。

海岸带综合管理不仅需要完成多部门、多学科的综合，更需要完成从多单一要素的环境资源管理模式到基于生态系统的多要素管理模式转化。东营市实施海岸带综合管理 5 年来，取得了较大的成绩与进展，但目前的管理仍较多地局限于单一资源环境要素的管理，如污染物管理、渔业资源管理等。在未来的工作中，需要更多地考虑到整个东营海岸带生态系统的整体性与功能性管理，将生态系统中的各要素有机结合、统筹考虑，建立起一套先进的基于生态系统的海岸带综合管理方法与技术体系。将管理的重点从环境改善与资源修复转移到生态系统的功能改善与承载能力恢复上，从而加强海岸带对东营市社会经济发展及黄河三角洲高效生态经济区建设的支撑能力。

（2）加强《东营市海岸带综合管理规划》的组织与实施。

《东营市海岸带综合管理规划》作为东营市实施海岸带综合管理的具体实施方案，自2006年编制，经2010年修编。该规划从东营市的现状出发，在海岸带综合管理能力建设、环境管理、资源管理、灾害管理、科技支撑、公众宣传与教育、国际合作与交流等7个方面系统构建了东营市海岸带综合管理体系与行动方案。在未来的工作中，应进一步落实该规划的实施与执行，以系统地推动东营市海岸带综合管理各方面的进展。

（3）进一步做好东营海岸带综合管理经验与模式的总结。

经过PEMSEA秘书处及国家海洋局项目办的大力支持，在“科学规划、强化布局；政府协调、普惠民生；黄蓝结合、绿色发展；企业支持、公众参与”的指导思想下，东营市海岸带综合管理工作取得了阶段性的突破。作为东亚海地方政府网络成员单位的东营市，在未来的工作中应进一步总结与归纳东营市的管理经验与模式，在提高自身管理能力的同时，应积极地将这些经验与模式在东亚海地区共享，进一步形成国际影响力。

参考文献

蔡程瑛 .2010. 海岸带综合管理的原动力 . 周秋麟等译 . 北京：海洋出版社

东营统计局 .2006. 东营统计年鉴 2006. 北京：中国统计出版社

东营统计局 .2009. 东营统计年鉴 2009. 北京：中国统计出版社

国家海洋局海洋公报系列：http://www.soa.gov.cn/hyjww/hygb/A0207index_1.htm

加拿大 Nova Scotia 的 SOC 报告网站：http://www.gov.ns.ca/coast/state-of-the-coast.htm

林宁，黄南艳，吴克勤等 .2008. 海洋综合管理手册 . 北京：海洋出版社

南北海 SOC 报告网站：http://www.vliz.b/projects/sail/indicators.php#

刘艳芬 .2010. 现代黄河三角洲湿地景观变化及其对水禽生境的影响 (博士论文). 中国科学院研究生院

Chua, T.E. 2006. The Dynamics of Integrated Coastal Management: Practical Applications in the Sustainable Coastal Development in East Asia. 468 p. GEF/UNDP/IMO/PEMSEA, Quezon City, Philippines

FLORIDA: State of the Coast Report-Preparing for a Sustainable Future. Florida Department of Community Affairs, 1996

Maltby, E., Holdgate, M., Acreman, M., Weir, A., 1999. Ecosystem management, questions for science and society. Royal Holloway Institute for Environmental Research, Royal Holloway, University of London, Egham

Measuring and Reporting Progress: State of the Coasts Reporting. National Workshop for Local Governments Implementing ICM in China, 2008

Monitoring and Evaluation Indicators for GEF International Waters Projects. Monitoring and Evaluation Working Paper 10. Global Environment Facility. Washington, DC, USA. ISBN 1-884122-77-9. Alfred Duda, 2002

SOC-NOAA. http://stateofthecoast.noaa.gov/

State of the Coast Report 2008-Stormwater: the way forward. North Carolina Coastal Federation

State of the Coast Report 2009- The Future of Our Beaches. North Carolina Coastal Federation

State of the Coast Report 2010- The coastal road less traveled: a travel guide with a conscience. North Carolina Coastal Federation

State of the Coasts in Europe. Françoise Breton, 2004

State of the Coasts of Batangas Province. ISBN 978-971-812-023-1. The Provincial Government of Batangas, Philippines, 2008

State of Virginia's Coast 2001. Virginia Coastal Program, Department of Environmental Quality

Vogt, Kristiina A. et al, 1997. Ecosystems: balancing science with management. Springer. New York. US. 470 p

UNESCO, 2006. A Handbook for Measuring the Progress and Outcomes of Integrated Coastal and Ocean Management,2006

PEMSEA, 2010. Understanding Integrated Coastal Management(ICM)-Model Course on ICM. Participant's Manual,Quezon City,Philippines,2010

英文缩略词表

AHP (Analytic Hierarchy Process)	层次分析法
COD (Chemical oxygen demand)	化学需氧量
EAS Congress (East Asian Seas Congress)	东亚海大会
EBM (Ecosystem Based Management)	生态系统管理
GDP (Gross Domestic Product)	国内生产总值
GEF (Global Environment Facility)	全球环境基金
ICM (Integrated Coastal Management)	海岸带综合管理
PEMSEA (Partnerships in Environmental Management for the Seas of East Asia)	东亚海环境管理伙伴关系计划
PNLG (PEMSEA Network of Local Governments for Sustainable Coastal Development)	可持续海岸带发展 PEMSEA 地方政府网络
SDS-SEA (Sustainable Development Strategy for the Seas of East of Asia)	东亚海可持续发展战略
SOC Report (State of the Coast Report)	海岸带状况报告
UNESCO (United Nations Educational. Scientific and Cultural Organization)	联合国教科文组织
UNDP (United Nations Development Program)	联合国开发计划署